深化する
ブラックホール・重力波・宇宙論
一般相対論

田中貴浩＝著

丸善出版

はじめに

一般相対論が1915年にアルバート・アインシュタインによって発表されて100年という節目を越えた。本書の原稿は，もともとは2015年というちょうど節目の年に雑誌「パリティ」の連載として執筆したものである。研究者というものは知のフロンティアを追求する立場にあるわけだが，そういう観点で見ると，100歳を越えるような理論をいまだに研究しているということが，めでたいことなのかは疑問に思われるかもしれない。しかしながら，一般相対論には，100年を経た今なお尽きない謎が広がっている。

　2016年2月には，重力波直接検出のニュースが新聞の一面を賑わした。重力波は，一般相対論にもとづいてその存在がアインシュタインによって予言されていた。重力波は，後に説明するように，時空のひずみが波となって伝わる現象であり，ニュートンの万有引力の法則で重力が記述されていると考えている範囲では想像もつかない現象である。重力波の存在を示す間接的な観測は存在していたが，直接にこの波を観測するということには成功していなかった。長年にわたり多くの研究者が直接検出を目指して努力を重ねてきた結果，2015年9月14日にようやく初検出に至ったのである。重力波はまだようやく検出され始めたという段階である。これはガリレオ・ガリレイが望遠鏡を用いた天体観測を始めた頃にたとえることができる。その後も電波やX線，ガンマ線といった新しい宇宙を観測する手段を人類はつぎつぎと手に入れてきた。そのたびに新たな天体が見つかってきたのである。この本の中でも登場し，相対論の検証という意味でも重要な役割を果たしたパルサーという天体は，今からちょうど50年前の1967年に電波観測によって，アントニー・ヒューイッシュとジョスリン・ベルによって発見されたのである。電波というのは波長の非常に長い光のことである。これも後に登場する天体現象であるが，ガンマ線バーストとよ

ばれる天体も同じ年に初めて観測された。ガンマ線は反対に波長の非常に短い光である。われわれは重力波という宇宙を観測するまったく新しい手段を手にしたばかりであり，これまで想像しなかったような宇宙像が明らかになってくるのは，まさにこれからのことである。重力波観測から広がる新しい観測的相対論の時代が拓かれゆこうとしているのである。

　また，一方で，これまでに専門的に相対論を学ぶ機会のなかった大多数の人にとって，時代を越えて，相対論は神秘的な理論であり続けてきたと思う。一般相対論は相対性理論ともよばれたり，一般相対性理論ともよばれたりするが，すべて同じものを指している。一般相対論のほかに特殊相対論があり，単に相対論というと，どちらを指しているのかは文脈に依存している。どちらも，相対性ということがキーワードである。相対性というのは，物事を誰が見ても同じように見えるという程度の意味である。特殊相対論は特殊な条件を満たす観測者たちの間で，物理法則が同じように観測されるという，制限つきの平等主義を追求した理論である。これに対し，一般相対論は誰彼かまわず，すべての観測者から見て同じように物理法則が記述されているべきだとする，究極の平等主義を追求した理論であるということができる。これらの2種類の相対性理論ではいずれも日常の経験とかけ離れた非常に不思議な現象が起こることを予言する。有名なものには，たとえば，特殊相対論における双子のパラドックスがある。パラドックスという言葉の意味は論理的な矛盾を意味するものではない。「一見すると間違っているように見えるが，実は正しい説」のことである。双子のパラドックスとは，双子の兄が光速に近い速度を出すことができる宇宙船でどこか遠くの星に行って帰ってきたとする。すると，帰ってきたときには兄は若いのに，双子の弟のほうは年老いてしまっているということが起こるという話である。こんなことが起こるとは，にわかには信じがたいかもしれない。しかし，ここまで大きな経過時間の差を生み出すことは容易ではないが，運動する観測者が携行する時計の進みが遅れるという現象は，実際にこの世界で起こっている現象なのだ。飛行機に乗って移動することで実際に時計の進みがわずかに（8時間のフライトで10^{-6}秒程度）遅くなる（地球の自転に逆向して飛ぶと，飛行機に乗っているほうがより止まっていることになり，時計の進みは早くなる）ことも確認されている。

一般相対論では，光速に近い運動をしなくても同じような時計の進みの遅れが生じる場合がある。映画「インターステラー」は2014年に発表された映画であったが，その中で登場する水の惑星は超大質量ブラックホール，ガルガンチュアのまわりを公転している。映画ではガルガンチュアの重力のために，水の惑星での1時間は地球での7年間に相当するという説明がされている。私は最初にこの映画を観たとき，どうしてそんなことが可能なのかということが気になって仕方がなかった。科学的な正しさは度外視して，話をおもしろくするために，時計の遅れの効果を誇張しているのかと思っていたのだが，後ほど裏設定を知って驚いた。実は，ガルガンチュアは非常に高速で回転しているブラックホールであり，水の惑星はそのごく近傍を公転しているという設定だそうだ。そのような極限的な状況を考えると，実は，一般相対論による理論的予言とこの映画の設定は何も矛盾しないことになる。このような不思議な現象がつぎつぎに起こる一般相対論の世界へと，これから皆さんをご案内したい。

この原稿を執筆するにあたって，その昔，相対論をまったく理解しなかった頃の自分自身のことを思い返してみた。大学に入学し，基礎から順を追って物理を勉強する以前は，一般向けの解説を読んでみては納得がいかず，「きっと相対論なんて間違っているに違いないから，自分が研究してその間違いを正してやろう」などと大それたことを思っていた。この本を読まれる皆さんの中にも，同じような相対論に対する思いを募らせてきた方が多数おられるのではないかと推測する。もし，この本が相対論に触れる最初の本だったとするなら，ちょっと小難しいことを書きすぎで，「そんなことまでわかりたいわけではないんだよ」という声が聞こえてくるかもしれない。そういう場合は，もう少し，やわらかい本を読んでいただいて，フラストレーションがたまったなら，この本に戻ってきてもらえると幸いである。

私自身は順を追って学ぶ機会を得て，その結果，相対論が間違っているという考えは，ひとまず完全に払拭されてしまった。今から思うと相対論の考え方を納得することは大して難しいことではないと思うのだが，世間では相対論はとても理解することが難しい理論だとされている。実際問題，私自身も一般向けの解説を読んだだけではどうしても理解できなかったわけである。後になって，過去に読んだものを読み返しても，やはり，その説明だけで納得するのは

私にとってかなり困難なことだと感じる。この本では，そういう納得いかない気分を払拭することを目指している。相対論の正しさを疑っていた当時には，一般相対論100年の節目の年に自身がこのような原稿を書くという挑戦をするとは夢にも思わなかったが，何とか期待に添えるように努力したい。

こういう解説書のお約束として，数式はなるべく使わないといいたいところだが，数式を排除して理解をしようとすると，いきおい直観に頼らざるを得ない。この直観的な理解というのが曲者だとつくづく感じる。なぜなら，相対論という理論は量子力学と並んで現代物理学の基礎と称されるが，ともに直観的理解が困難な理論だからだ。これらの理論は日常の感覚とはかけ離れた極限の世界を記述する理論なので，日常の経験はほとんど役に立たない。むしろ，逆に日常の経験が理解の妨げにさえなる。それゆえに理解することが難しいとされている。そのような理論を理解するには，論理的な思考を一歩ずつ積み上げて納得していくしかないということになる。しかし，言葉で書いた命題が正しいかどうかを判断するのは，数式で表された計算が正しいかどうかを見極めることに比べると，一般にはるかに難しい。算数の計算問題と文章問題のどちらが高度であるかを考えてみれば一目瞭然である。したがって，この論理の積み上げという作業を数式をいっさい用いずに実行し，納得するということは至難の業である。おそらく，そのことが私自身を「相対論は間違っている」と思い込ませた原因だと思う。しかしながら，直観による説明は難しいというものの，相対論の研究者はしばしば直観に頼って議論を戦わせるのも事実だ。その際にはたらいている直観は，さまざまな物理の知識にもとづくものであって，日常の経験からくる直観とはかけ離れていることがしばしばである。ということで，この本では難しい数学は使わないものの，まったく数式を排除するのではなく，大学初年度程度の数学の知識で読めるものを目指したいと思う。読み進める中で，相対論研究者たちのこの異常な感覚からくる直観が少しでも伝わり，一般相対論の神秘性や美しさ，奥深さを理解してもらえれば幸いである。

　2017年9月

田 中 貴 浩

目　次

第1章　特殊相対論の基礎　　*1*

特殊相対論とは光速度不変の原理◇ファインマンの時計◇時空図◇ローレンツ変換◇まとめ

第2章　等価原理　　*11*

等価原理◇重力は見かけの力か？◇時空の曲がりによる重力の記述◇曲がった時空の記述法◇テンソルと共変微分◇まとめ

第3章　アインシュタイン方程式　　*25*

一般座標変換に対する共変性◇曲率テンソル◇アインシュタイン方程式◇変分原理◇まとめ

第4章　ニュートン近似と一般相対論の検証　　*37*

弱い重力の近似◇曲がった時空中の物体の運動◇弱い重力場中の物体の運動◇アインシュタインの3つのテスト◇まとめ

第5章　一般相対論にもとづく宇宙像　　*53*

遠くを見ることは過去を見ること◇一様等方宇宙モデル◇ビッグバン◇軽元素の合成◇まとめ

第6章　インフレーション宇宙論　69

宇宙論的諸問題◇宇宙の加速膨張（インフレーション）◇宇宙の相転移◇インフレーションによる初期密度ゆらぎの生成◇まとめ

第7章　宇宙論的観測の精密化　87

宇宙背景放射のゆらぎのスペクトル◇重力不安定性による宇宙の大域的構造形成とダークマター◇マイクロ波宇宙背景放射によるインフレーション起源の重力波観測◇宇宙の加速膨張の観測と宇宙項問題◇人間原理◇まとめ

第8章　ブラックホール時空　105

ブラックホールとは◇シュワルツシルト解の時空構造◇シュワルツシルト解の事象の地平線と地平線内部の非定常性◇ブラックホールに突入する宇宙船◇現実のブラックホール◇水星の近日点移動◇まとめ

第9章　重力波とは　121

電磁波と重力波の類推◇重力波中の物質の運動◇重力波の検出◇重力波の生成◇証明された重力波の存在◇まとめ

第10章　重力波源となる天体現象　137

重力波検出の第1報：GW150914◇中性子星を含む連星合体からの重力波検出への期待◇その他の重力波源◇重力波の観測の展望◇まとめ

第11章　「最後の3分間」：
連星合体における重力波波形予測　161

連星合体の最後の3分間◇ポストニュートン近似◇ポストニュートン近似の大変さ◇保存量のバランスの議論◇急速なポストニュートン近似の理論の進展◇ブラックホール摂動論◇カーター定数とその時間変化率◇重力波輻射反作用問題◇まとめ

目次　ix

第12章　重力理論の研究の広がり　　179

解くことが困難◇道具としての一般相対論◇量子重力◇低エネルギー有
効理論としての一般相対論◇重力の量子論的効果◇重力理論の拡張◇ま
とめ

索　引　　191

コ ラ ム

双子のパラドックス　　9

潮汐力　　13

重力はけっして見かけの力ではない　　22

アインシュタイン方程式の誕生　　35

曲率テンソルの直感的なイメージ　　44

ハッブル定数の変遷　　61

アンチ・インフレーション派の宇宙モデル　　83

人間原理の適用に伴うさまざまな疑問　　102

宇宙検閲官仮説　　117

原始ブラックホールの生まれるとき　　145

回転するブラックホールにおけるペンローズ過程　　174

第 1 章

特殊相対論の基礎

特殊相対論とは光速度不変の原理

一口に相対論といったときには，特殊相対論と一般相対論の2つの異なる議論が含まれる。特殊相対論は等速直線運動をする観測者間で物理現象の見え方がどのように異なるかを表した理論，一般相対論というのは重力を記述する理論といえる。それぞれはガリレイ変換と万有引力の法則の拡張と考えてもらってもそれほど間違いではない。

　本書の主題は一般相対論だが，時間と空間を一体とした時空という概念は特殊相対論によって顕然化された概念なので，特殊相対論についてまったく話さずには済まされない。

　特殊相対論の議論の出発点は光速度不変の原理である。われわれは物体の運動する速度は観測する人の速度に依存していることを日常的に認識している。したがって，誰が測っても光速は変わらずに不変だという主張は，日常の感覚に合わないおかしな話である。ところが，このおかしな話は特殊相対論に先立ちマイケルソン（A. A. Michelson）とモーリー（E. W. Morley）によってすでに実験で確かめられていた。しかし，その実験事実よりもアインシュタイン（A. Einstein）にとって重要だったことは，すでに確立していた電磁気学の基本法則だった。電磁気学の基本法則である4つのマクスウェルの方程式を組み合わせると

$$\left(-\frac{1}{c^2}\frac{\partial^2}{\partial t^2}+\frac{\partial^2}{\partial x^2}+\frac{\partial^2}{\partial y^2}+\frac{\partial^2}{\partial z^2}\right)\phi=0 \tag{1.1}$$

2 第1章 特殊相対論の基礎

のような波動方程式が得られる[*1]。ここで，c^2は真空の誘電率 ε_0 と透磁率 μ_0 の積の逆数（$1/\varepsilon_0\mu_0$）で与えられる定数である。この方程式の解は電磁波，すなわち，光を表している。たとえば，x方向に伝わる電磁波を考えると，その解は$\phi = f(ct - x)$のように与えられる。すなわち，ϕがtとxに$ct - x$を通してのみ依存するなら式（1.1）の方程式の解になっている。この波の振幅の極大点は$x = ct + x_0$のように伝わる。つまり，この解は右向きに速度cで伝わる波を表している。ここでポイントは，式（1.1）を導くマクスウェルの方程式が成り立つのは特別な観測者の座標系から見た場合に限られてはいないという点だ。どのような慣性系（等速直線運動をする観測者の座標系）から見ても式（1.1）が成り立つのであれば，電磁波の伝わるスピードは誰から見てもc以外にあり得ないということになる。実際，アインシュタインの1905年の特殊相対論の論文には，マイケルソンとモーリーの実験に対する言及はない。

■ ファインマンの時計

それでは，光速度不変という単純な原理から特殊相対論の考え方がどのように導かれるかを見ていこう。そのために，ファインマン（R. P. Feynman）の時計とよばれる，上下に距離Δzだけ隔てた2枚の鏡の間を光が往復するという装置を考える。多少現実離れしているが，この装置には光が何回折り返したのかを正確に数える機能がついているものとする。このファインマンの時計をもった観測者Aに対して，観測者Bは速度$-v$でx方向に移動している。この時計の片方の鏡から光が出てもう一方の鏡に到達するまでにかかる時間を観測者A，観測者Bのそれぞれが測るとどうなるだろうか？　観測者Aにとっては光の出た側の点と届いた側の点の間の距離はΔzなので，光速度不変から，その時間間隔は

$$\Delta t_A = \frac{\Delta z}{c} \tag{1.2}$$

となる。一方で，〈図1.1〉のように，観測者Bにとっては光が出たときと受けとっ

[*1]　ここでϕは電場や磁場を表す変数を一般的に表したものである。

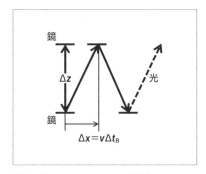

〈図1.1〉 ファインマンの時計
鏡を光が折り返す回数で時間間隔を測る。光速度が不変であるとすると，鏡の間の間隔が観測者によって異なるため，時間の間隔も観測者により異なることが理解できる。

たときで鏡の位置は時間間隔 Δt_B の間に x 方向へ $v\Delta t_B$ だけ移動している。このために，2点間の距離は三平方の定理を用いて，$\sqrt{(\Delta z)^2+(v\Delta t_B)^2}$ となる。ここで，光速度不変を当てはめると，

$$c\Delta t_B = \sqrt{(\Delta z)^2+(v\Delta t_B)^2}$$

となるが，これを Δt_B について解くと，

$$\Delta t_B = \frac{1}{\sqrt{c^2-v^2}}\Delta z \tag{1.3}$$

という関係が得られる。式(1.2)と式(1.3)を見比べると一般に，$\Delta t_B > \Delta t_A$ が成り立つが，これがよくいわれる「動いている人の時計はゆっくり進んでいるように見える」という話である。動いているというのは相対的なものなので，観測者Aが観測者Bの時計をのぞき見すると，やはり，「あいつの時計はいつ見てもゆっくり進んでいるなぁ」となる。

時空図

この一見不思議な状況を理解するためには時間と空間を図に表すのが一番だ。

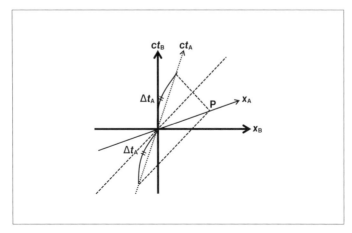

⟨図1.2⟩ 時空図I
t_A 軸の方向に運動する観測者から見ると，点Pで折り返される光を発した時刻と原点に到達する時刻の差は，原点を通過する時刻と折り返された光を受けとる時刻の差に等しい。したがって，原点と点Pは同時刻であると認識される。

たくさん文章を並べられてもちっともわかるような気がしない。⟨図1.2⟩のように観測者Bの x 座標を横軸に t 座標を縦軸にとる。このとき，光の伝わる経路が45度の直線となるように，縦軸は時間座標 t ではなく光速度 c を掛けた ct を用いた。原点を通る斜めの点線が観測者Aの軌跡である。さて，観測者Aが原点を通過したとき(この時刻を $t_A = 0$ としよう)，観測者Aにとって時刻一定と思われる点の集まり，つまり，時刻一定線はこの図の上でどのように与えられるだろうか？　観測者Aにとって時刻 $t_A = -\Delta t_A$ に出た光が，ある点Pで折り返されて時刻 $t_A = +\Delta t_A$ に帰ってきたならば，その点Pは原点と同時刻の点であると判断するだろう。⟨図1.2⟩からは，この同時刻の線は，図中の x_A 軸になっていることがわかる。これは，原点を通る光の経路である $ct_B = x_B$ の直線に対して，観測者Aの軌跡である t_A 軸をちょうど対称に折り返したものになっている。原点をずらして，同様の議論をすれば，x_A 軸に平行な直線はすべて t_A が一定の等時刻線になっていることもわかる。さらに，観測者Aから見て一定の距離にある(つまり，$x_A = $ 一定の)線はどうか？　それは一定の決まった時間で光が往復する点の集まりと考えるのが自然だ。すると，⟨図1.3⟩から

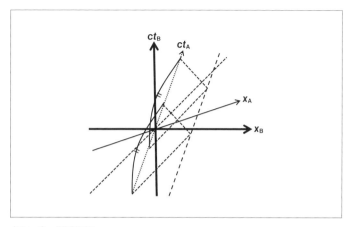

〈図1.3〉 時空図 II
t_A 軸の方向に運動する観測者から見て，折り返した光が戻ってくるまでの時間が一定になる直線を引くことで，この観測者から一定の距離にある直線を定義することができる。

$x_A =$ 一定の線は，t_A 軸に平行な直線であることがわかる。このように観測者 A の時間座標と空間座標はそれぞれ同じ角度だけ光の経路に対して対称に傾き，ひしゃげた格子を張っていることがわかる。このように時間と空間の座標軸が対称に傾くことで，観測者 A から見ても原点を通る光の経路は $ct_A = x_A$ で表される 45 度傾いた直線となり，光速度不変が守られるしくみになっている。

対比として，特殊相対論以前のニュートン力学に現れたガリレイ変換を考えよう。ガリレイ変換は，

$$t_B = t_A, \qquad x_B = x_A + vt_A$$

のように異なる観測者の座標を結びつける。第1の式は，時刻一定面は観測者によらず一定であるということを意味する。それに対して，第2式は空間座標は観測者によって変わるということを意味する。このような変換をしてもニュートン力学における運動の法則は形を変えない。つまり，どの観測者から見ても物理法則は同じように記述される。これが，特殊相対論では，上で見たように時刻一定面も観測者によって変更され，時間座標と空間座標が非常に対称な形に扱われている。この対称性を明らかにするために次節でローレンツ変

6 第1章 特殊相対論の基礎

換とよばれる上記の変換を具体的に数式で表してみよう。

■ ローレンツ変換

ここでは，それぞれの観測者がもっている時計の進み具合（これを固有時間とよぶ）に着目することで，異なる観測者の座標間の変換を求める。観測者Aの座標系でファインマンの時計の光が1回反射するのにかかる時間 Δt_A は式（1.2）と式（1.3）を組み合わせると，

$$c^2 \Delta {t_\mathrm{A}}^2 = (c^2 - v^2) \Delta {t_\mathrm{B}}^2 = c^2 \Delta {t_\mathrm{B}}^2 - \Delta {x_\mathrm{B}}^2$$

と表される。この表式の右辺を異なる速度で移動する観測者Cの座標系で書いても，同じ議論をくり返すことで同じ表式が得られるはずである。すなわち，

$$\mathrm{d}s^2 = -c^2 \mathrm{d}t^2 + \mathrm{d}x^2 \tag{1.4}$$

はどのような（ x 方向に等速直線運動をする）観測者から見ても不変であるということが結論される。ここで Δ の代わりに d という記号を用いたが，これは2点間の隔たりが無限に小さい極限をとったということを表現している。式（1.4）が不変であるのは x 方向に動く観測者の場合だが，一般の方向に運動する観測者を考えたときの式（1.4）の一般化は，当然

$$\mathrm{d}s^2 = -c^2 \mathrm{d}t^2 + \mathrm{d}x^2 + \mathrm{d}y^2 + \mathrm{d}z^2$$

となる。

　この式（1.4）の表式は ct を複素数だと考え， $T = \mathrm{i}ct$ のような新しい虚数方向の座標を導入すると，

$$\mathrm{d}s^2 = \mathrm{d}T^2 + \mathrm{d}x^2 \tag{1.5}$$

のようになる。これはわれわれになじみ深い三平方の定理にほかならない。いま，式（1.4）の代わりに，この式（1.5）を不変に保つような変換を考えてみる。これは簡単で，まず，（ T, x ）の座標軸を適当に角度 θ だけ回転した新たな座標を

$$\begin{pmatrix} T' \\ x' \end{pmatrix} = \begin{pmatrix} \cos\theta & -\sin\theta \\ \sin\theta & \cos\theta \end{pmatrix} \begin{pmatrix} T \\ x \end{pmatrix}$$

のように導入する。すると，三平方の定理は座標を回転しても成り立つので，新しい座標で書いても (1.5) の表式は不変，すなわち，$ds^2 = dT'^2 + dx'^2$ が成り立つ。われわれが知りたいのは式 (1.4) を不変に保つ座標変換だが，それはこの $(T,\ x)$ の変換を $(ct,\ x)$ の変換に焼き直せば得られる。形式的には，以下のように，

$$\begin{pmatrix} ct' \\ x' \end{pmatrix} = \begin{pmatrix} -i & 0 \\ 0 & 1 \end{pmatrix} \begin{pmatrix} T' \\ x' \end{pmatrix} = \begin{pmatrix} -i & 0 \\ 0 & 1 \end{pmatrix} \begin{pmatrix} \cos\theta & -\sin\theta \\ \sin\theta & \cos\theta \end{pmatrix} \begin{pmatrix} i & 0 \\ 0 & 1 \end{pmatrix} \begin{pmatrix} ct \\ x \end{pmatrix} = \begin{pmatrix} \cos\theta & i\sin\theta \\ i\sin\theta & \cos\theta \end{pmatrix} \begin{pmatrix} ct \\ x \end{pmatrix}$$

と得られるが，このままでは変換の係数が虚数になってしまう。そこで $\theta = i\tilde{\theta}$ のようにおき換えると

$$\begin{pmatrix} ct' \\ x' \end{pmatrix} = \begin{pmatrix} \cosh\tilde{\theta} & -\sinh\tilde{\theta} \\ -\sinh\tilde{\theta} & \cosh\tilde{\theta} \end{pmatrix} \begin{pmatrix} ct \\ x \end{pmatrix} \tag{1.6}$$

となり[*2]，変換の係数を実数にすることができる。この変換が世にいうところのローレンツ変換である。ローレンツ変換は特殊相対論の中核となる概念だが，以上の議論からわかるようにほとんど回転と同じようなものである。ここに現れた $\tilde{\theta}$ の意味は，$x = 0$ の軌跡を考えることでわかる。$x = 0$ とおくと，$t' = \cosh\tilde{\theta}\, t$，$x' = -\sinh\tilde{\theta}\, t$ であるので，プライム (′) つきの座標系から見たプライムなしの座標系の原点 $x = 0$ の移動速度は $v' = x'/t' = -c\tanh\tilde{\theta}$ である。

[*2]　ここで sinh や cosh は
$$\sinh\theta = \frac{e^{\theta} - e^{-\theta}}{2}, \qquad \cosh\theta = \frac{e^{\theta} + e^{-\theta}}{2}$$
で定義される関数であり，sin や cos が
$$\sin\theta = \frac{e^{i\theta} - e^{-i\theta}}{2i}, \qquad \cos\theta = \frac{e^{i\theta} + e^{-i\theta}}{2}$$
と与えられることを，これらの式の両辺をテイラー展開することで確認すれば，
$$\sin i\theta = i\sinh\theta, \qquad \cos i\theta = \cosh\theta$$
であることが理解できるだろう。

8   第1章　特殊相対論の基礎

$\beta \equiv v/c = -v'/c = \tanh\tilde{\theta}$ を用いて式 (1.6) を表すと，

$$ct' = \frac{ct - \beta x}{\sqrt{1 - \beta^2}}, \qquad x' = \frac{x - \beta ct}{\sqrt{1 - \beta^2}}$$

となる。

まとめ

本章では一般相対論への準備として，特殊相対論を概観した。強調すべき点は特殊相対論以前の古い時空の概念を特殊相対論は打ち壊したという点である。古い概念では絶対的な1次元の時間が存在し，その時間の各時刻に3次元空間が付随するというものであった。それに対して特殊相対論が示唆する時空像では，時間と空間は切り離すことのできない一体のものである。この点さえ，押さえておいてもらえれば，次章からの一般相対論の世界に飛び込む準備は完了である。

双子のパラドックス

時空図の概念が理解できてしまえば，双子のパラドックスはとくに難しい話ではない．地球に留まった弟と光の速度に近い速度で航行できる最新鋭の宇宙船で宇宙に飛び出した兄の軌跡をこの時空図の中に書き込んでみよう．簡単のために，地球に留まった弟の時空図上の軌跡は，単純な等速直線運動で近似してしまおう．兄の宇宙船も一定の速度で目指す星まで飛び，星に着いた後は息つくひまもなく一目散に再び同じ速度で帰路についたとしよう．そうすると，2人の軌跡を表す時空図は〈図1.4〉のように表される．ここで座標系に依存しない不変な量が式(1.4)で与えられたことを思い出そう．等速直線運動する物体にとって空間座標が一定となる観測者，すなわち，物体と同じ速度で運動する観測者の座標系で考えると，$dx = 0$ となるので，$\sqrt{-ds^2/c^2}$

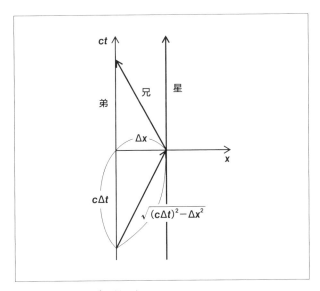

〈図1.4〉 双子のパラドックス
等速直線運動をしている弟の固有時間は遠方の星を往復した兄の固有時間よりも短くなる．

は，このような観測者にとっての時間間隔を表していることになる。このような物体と同じように運動する観測者が測る時間間隔のことを固有時間とよぶ。兄と弟の軌跡に沿って時空点AからBまで移動する間の固有時間を比べてみよう。弟のほうは単純に$2\Delta t$であるが，兄のほうは

$$2\sqrt{\Delta t^2 - (\Delta x/c)^2}$$

ということになる。つまり，回り道をした兄のほうが経過している時間はつねに短いということになる。

　このことは，通常の幾何学（ユークリッド幾何）のよく知られた「2点を結ぶ経路のうちで最短のものは2点を結ぶ直線である」という命題に対応している。この場合は，寄り道をするとつねに経路長は長くなるわけだが，時空の場合には式(1.4)で時間方向と空間方向で符号が異なっていることを反映して，真逆のことが起こる。すなわち，寄り道をすればするほど2点間を結ぶ経路に沿っての固有時間は短くなるのだ。

　道草を食っていたら，時間があまり経っていないという言い方をすると奇妙かもしれないが，1日で原稿を書き終えないといけないときに，道草をしていたら，1日の時間もないということになるのだ。もし，これが逆に，道草をしているほうが固有時間が長くなるというのであれば，締め切りに間に合わないときに宇宙旅行をして時間を稼ぐということが将来可能になるかもしれないわけだが，世の中，そんなにあまくはできていないようだ。

―――――――― 第 2 章 ――――――――

等価原理

前章では，特殊相対論は光速度不変の原理から出発して，時間と空間を一体とした時空という概念を導入することが要請されることを見た。ここからはニュートンの万有引力に代わる重力理論である一般相対論の話である。本章では，一般相対論の鍵の1つである等価原理の話をする。

▌等価原理

ガリレイ（G. Galilei）がピサの斜塔から2つの物体を落として，落下速度が物体の質量によらずに同じになることを公開実験したという話は，つくり話であったと聞く。しかしながらその当時から重力以外の力が無視できる状況であれば，いかなる材質の物体であっても運動が同じであることは，知識人の間では知られた事実だったそうだ。この事実は重力の等価原理としてもっとも一般的に知られているものである。ニュートンの運動の法則 $m\boldsymbol{a} = \boldsymbol{F}$ を考えると，この主張が驚くべきことを述べていることが認識できる。この式は，質量 m の物体に対してはたらく力 $\boldsymbol{F}$ と物体が受ける加速度 $\boldsymbol{a}$ の間の関係を与える。重力以外の力では，力 $\boldsymbol{F}$ は質量 m とは無関係である。たとえば，静電場 $\boldsymbol{E}$ 中の電荷 q をもった物体にはたらく力 $\boldsymbol{F}$ は $q\boldsymbol{E}$ で与えられ，m に無関係である。これに対して，重力の場合には力 $\boldsymbol{F}$ は重力加速度を $\boldsymbol{g}$ として $m\boldsymbol{g}$ で与えられる。重力加速度 $\boldsymbol{g}$ は電場 $\boldsymbol{E}$ と同様にベクトル場である（「場」とは，物体の存在の有無にかかわらず，空間（あるいは時空）の各点のもつ性質を表す量のことである）。静電場の場合の電荷 q の役割を，重力の場合には $m\boldsymbol{a} = \boldsymbol{F}$ の左辺に現れた質量 m とまったく同じ m が担っている。すなわち，重力の等価原理とは，$m_{\mathrm{I}}\boldsymbol{a} = m_{\mathrm{g}}\boldsymbol{g}$ のように左辺と右辺の質量を区別して書くと，いかなる物質に対しても m_{I}（慣

12   第2章　等価原理

性質量）＝ m_g（重力質量）が成り立つという主張だ。慣性質量 m_i は力 F を加えたときに物体がどの程度動きにくいか（慣性）を表す量である。一方，重力質量 m_g は重力場 g からどれだけの力を受けるかを決定する重力荷（重力における電荷の役割を果たすもの）を表す量である。このようにニュートン力学の枠組みで考える限り，これら2つの質量の意味合いは大きく異なり，これらがつねに一致するのは不可思議なことに思われる。

重力は見かけの力か？

ここで，小さな箱の中に閉じ込められた観測者を考える。この箱全体には重力以外の力ははたらかないとする。この箱の運動を簡単に自由落下ということにしよう。この箱内にいる観測者は宇宙ステーションの中にいる宇宙飛行士のように，無重力状態にあると感じる。観測者のまわりの物体も重力を受けて運動してはいるのだが，この観測者から見ると，箱内のすべての物体は箱と同じように運動するために，あたかも重力がはたらいていないように見える。この事実は，小さな領域だけを考えると重力はいつでも消し去ることができることを意味する。

　再び，ニュートンの運動の法則 $ma = F$ に話を戻す。運動の第2法則とよばれる，この法則はいかなる座標系でも成立するわけではない。この法則が成り立つためには慣性系とよばれる座標系を選んで運動を記述しなければならない。このような慣性系の存在を宣言したものが運動の第2法則に先立つ第1法則（慣性の法則）である[*1]。もちろん，慣性系以外の座標系を使って運動を記述することも可能である。慣性系の座標を x として，慣性系に対して運動している座標 X を $X = x + X_0(t)$ のように選んだとしよう。ここで，$X_0(t)$ は慣性系の原点 $x = 0$ の軌跡を座標 X で表したものである。この新しい非慣性系の座標 X を用いて運動の法則 $ma = F$ を書き下すと，$m\ddot{X} = F + m\ddot{X}_0$ となる。ここで，

---

*1　もともとの運動の第1法則は「力がはたらかなければ物体は等速直線運動する」というものだが，このままでは第2法則 $ma = F$ において右辺 ＝ 0 としたものにすぎず，独立な意味をなさない。そこで，第1法則は「力がはたらかなければ物体は等速直線運動するように見える座標系（＝慣性系）が存在する」という主張であるというのが現代的な解釈である。

$\ddot{\boldsymbol{X}}$ は $\boldsymbol{X}$ の時間に関する2階微分 $\mathrm{d}^2\boldsymbol{X}/\mathrm{d}t^2$ を意味する。右辺の $m\ddot{\boldsymbol{X}}_0$ は非慣性系で運動の法則を記述したことによる見かけの力であり，慣性力とよばれる。この慣性力 $m\ddot{\boldsymbol{X}}_0$ は $\ddot{\boldsymbol{X}}_0$ を重力加速度 $\boldsymbol{g}$ と同一視すると重力と同じ形をしていることに気づく。このように考えると，重力は見かけの力であって，われわれがふだん慣性系だと思っている地上の実験室に固定された座標系が（地球の自転や公転を無視する近似であっても）慣性系ではないと思えてくるだろう。慣性系の定義が「力がはたらかない物体が等速直線運動する座標系」であり，重力を慣性力と同様の見かけの力だと見なせば，先述の自由落下する小さな箱に固定された座標系こそが慣性系だといえる。逆に，われわれの慣れ親しんだ実験室に固定された系のほうが非慣性系であるという見方が現れる。

　それでは，「重力は慣性力であって見かけの力にすぎない」という主張が正しいかといわれると，そうではない。地球にわれわれが引き寄せられているのは重力のおかげであって，この力が存在していないと主張しているわけではないのだ。たしかに，小さな観測領域に限定された観測者の視点では重力を消し去ることが可能だ。しかし，それは大域的にも重力を慣性力として表せることを意味しない。むしろ，われわれの経験からは慣性力として重力が表されるのは局所的な観測に限られると示唆される。

潮汐力

大域的に重力場を消すことができないことを理解するうえで，最初太陽のまわりに静止した観測者とそのまわりの4つのボールの運動をニュートン重力のもとで考えてみよう。〈図2.1a〉で破線で示したものが，初期状態を表している。観測者もボールも太陽に引かれて落下するが，太陽に遠い側のボールは引力が弱いため，移動距離は少ない。太陽に近い側のボールは移動距離が大きい。左右のボールはたがいにやや近づくように移動することになる。観測者から見た相対的な運動がわかりやすくなるように，観測者の位置が動かないように全体を平行移動した場合の図が〈図2.1b〉である。このようにして見ると，太

陽による重力の作用は単なる引力ではなくて，左右のものを観測者に引きつけ，上下のものを引き離すような力と見なすことができる。この圧縮と伸張の力のことを潮汐力とよぶ。この潮汐力が地球にはたらく月（や太陽）の重力が地表で潮の満ち引きをもたらすことを説明する。この例において，潮汐力の大きさは最初に4つのボールを置く位置を観測者に近づければ近づけるほど小さくなり，十分小さな箱の中では重力を消すことができるという話とは矛盾しない。

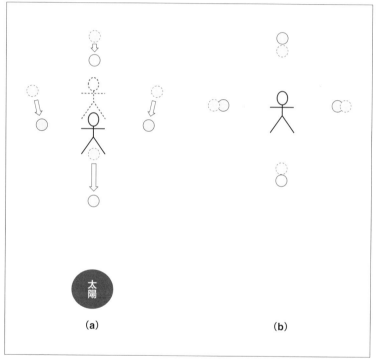

〈図2.1〉　潮汐力の説明
重力の作用を観測者とともに動く座標系で眺めると，収縮と伸張の効果としてとらえることができる。

時空の曲がりによる重力の記述

われわれは前章で，無限小離れた2点間の2乗距離を表す量として

$$ds^2 = -c^2 dt^2 + dx^2 + dy^2 + dz^2 \qquad (2.1)$$

を導入した。これを時空の線素とよぶ。式(2.1)のような線素で与えられる時空のことをミンコフスキー時空とよぶ。式(2.1)を一般化し，

$$ds^2 = \sum_{\mu=0}^{3} \sum_{\nu=0}^{3} g_{\mu\nu} dx^\mu dx^\nu = g_{\mu\nu} dx^\mu dx^\nu$$

のようにまとめて書いたときの係数行列 $g_{\mu\nu}$ のことを計量テンソルとよぶ。ここで，最右辺では，上下でくり返された添字に関しては暗黙のうちに0, 1, 2, 3にわたる和をとる（縮約）という約束を採用した。ミンコフスキー時空の計量テンソルを通常 $\eta_{\mu\nu}$ と書きミンコフスキー計量とよぶ。具体的には

$$\eta_{\mu\nu} = \begin{pmatrix} -c^2 & 0 & 0 & 0 \\ 0 & 1 & 0 & 0 \\ 0 & 0 & 1 & 0 \\ 0 & 0 & 0 & 1 \end{pmatrix}$$

という形である。ミンコフスキー時空上の力を受けていない物体の運動は，v を一定の速度を表すベクトルとして，$x = vt$ と与えられる。たとえ，ミンコフスキー時空を異なる座標系で表し上述のような慣性力を考えることで重力を模倣したとしても，式(2.1)の座標系で見れば，そのような慣性力はきれいに消えてしまう。

　しかし，式(2.1)の線素にもとづく特殊相対論の議論が成り立つのは局所的に重力が無視できる小さな範囲の近似的な慣性系（局所慣性系）での議論に限られると考えてみよう。そうであるなら，時空の各点の近傍において適当に座標を選ぶことで線素を式(2.1)のように表せれば特殊相対論と矛盾しない。これは曲面上の十分に小さい領域を考えれば近似的に平坦に見えるという事実と符合している。たとえば，地球の表面はほぼ球形だが，日常的な感覚では地面は平面だと感じられる。

16　第2章　等価原理

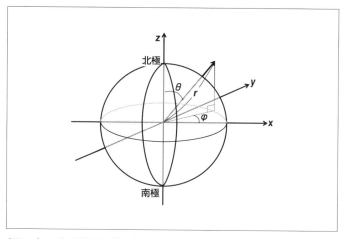

〈図2.2〉 2次元球面と球面上の直線
南極から出発し，異なる方向に伸びる2本の直線は最初遠ざかるが，やがて北極で再び交わる。

曲面の線素の例として〈図2.2〉のような半径aの2次元球面を考えてみよう。3次元の空間座標$\{x, y, z\}$と極座標$\{r, \theta, \varphi\}$の間の関係は

$$x = r\sin\theta\cos\varphi, \qquad y = r\sin\theta\sin\varphi, \qquad z = r\cos\theta$$

で与えられる。したがって，微小距離の間の関係は

$$dx = \sin\theta\cos\varphi\, dr + r\cos\theta\cos\varphi\, d\theta - r\sin\theta\sin\varphi\, d\varphi$$
$$dy = \sin\theta\sin\varphi\, dr + r\cos\theta\sin\varphi\, d\theta + r\sin\theta\cos\varphi\, d\varphi$$
$$dz = \cos\theta\, dr - r\sin\theta\, d\theta$$

となる。球面上では$r = a$に固定されているので$dr = 0$とおき，少し計算すると，線素は

$$ds^2 \equiv dx^2 + dy^2 + dz^2 = a^2(d\theta^2 + \sin^2\theta\, d\varphi^2)$$

と表される。球面上はどの点も対等なので，たとえば赤道面上($\theta = \pi/2$)の1点のまわりで展開し，$\theta' = \theta - \pi/2$に関して2次以上の項を無視すれば，$ds^2 \approx a^2(d\theta'^2 + d\varphi^2)$となり，たしかに2次元の平坦な面の線素に一致する。

曲がった時空の記述法　　17

　この球面上の南極（$\theta = \pi$）から出発し，異なる方向に直線を伸ばす。局所的には平坦な空間であるので直線の意味ははっきりしている。実際，φが一定の線（経線）がそのような直線であることは容易に想像がつくだろう。〈図2.2〉中の実線のように，異なる方向に向かって出発した2本の直線は最初遠ざかり，赤道面で距離が最大になるが，再び近づいて北極で交わる。

　以上の話は2次元球面の話であって，4次元時空の話ではないが，万有引力で引き合う2つの物体の軌跡に類似している。曲がった時空の上では，2つの"直線"間の相対距離が変化し重力がはたらいているように見える。一方，同じ点で同じ速度が与えられた物体はその材質にかかわらず同じように直進するのであるから，等価原理の要請をみごとに満たす。ここから，重力を時空の曲がりとして表現するという発想が生まれる。

■ 曲がった時空の記述法

上の2次元球面の例が示すように，計量$g_{\mu\nu}$を時空座標に関する任意の関数$g_{\mu\nu}(x)$であると拡張することによって，曲がった時空を表現することが可能である。そのような場合でも，（計量$g_{\mu\nu}$の4つの固有値の符号の1つのみが負であるという条件が満たされる限り）任意の点のまわりで局所的にミンコフスキー時空と一致する適当な座標系を選ぶことが可能である。$g_{\mu\nu}(x)$を，たとえば，原点のまわりに

$$g_{\mu\nu}(x) = g_{\mu\nu}(0) + g_{\mu\nu,\rho}(0)x^\rho + \frac{1}{2}g_{\mu\nu,\rho\sigma}(0)x^\rho x^\sigma + \cdots$$

とテイラー展開する。ここで，「 , 」は$g_{\mu\nu,\rho} = \partial g_{\mu\nu}/\partial x^\rho$のように座標に関する偏微分を表す。新しい座標$\bar{x}$を，原点$x = 0$のまわりでテイラー展開した形

$$\Delta \bar{x}^\alpha \equiv \bar{x}^\alpha - \bar{x}^\alpha_{(0)} = \left(\Lambda^{-1}\right)^\alpha_\mu \left(x^\mu + \frac{1}{2}\Gamma^\mu_{\nu\rho}x^\nu x^\rho + \frac{1}{3!}\Xi^\mu_{\nu\rho\sigma}x^\nu x^\rho x^\sigma + \cdots\right) \tag{2.2}$$

で導入する。このような座標のとり換えを一般座標変換という。ここで，$\bar{x} = \bar{x}^\alpha_{(0)}$はもとの座標原点$x = 0$に対応する点を表し，$\Lambda$, Γ, Ξなどは展開係数である。たとえば，$\Gamma^\mu_{\nu\rho}$は$x^\nu x^\rho$と縮約しているので添字$\nu\rho$に関して反対称な成

18 　第2章　等価原理

分は式(2.2)に寄与しない。したがって，$\Gamma^\mu_{\nu\rho}$ は添字 $\nu\rho$ に関して対称であるとする。Λ^{-1} を逆行列で定義したのは以下の議論で現れる表式が少し簡潔になるからである。これらの係数は $\Lambda^\mu_\alpha = \partial x^\mu/\partial\bar{x}^\alpha$（これは $(\Lambda^{-1})^\alpha_\mu = \partial\bar{x}^\alpha/\partial x^\mu$ と等価である），$\Gamma^\mu_{\nu\rho} = \Lambda^\mu_\alpha(\partial^2\bar{x}^\alpha/\partial x^\nu\partial x^\rho)$ のように $x=0$ における微分で表すこともできる。式(2.2)を $\Delta\bar{x}$ が小さいとして逐次的に逆に解き，x を $\bar{x}$ で表すと，

$$x^\mu = \Lambda^\mu_\alpha\Delta\bar{x}^\alpha - \frac{1}{2}\Gamma^\mu_{\rho\sigma}x^\rho x^\sigma + \cdots$$
$$= \Lambda^\mu_\alpha\Delta\bar{x}^\alpha - \frac{1}{2}\Gamma^\mu_{\rho\sigma}\Lambda^\rho_\alpha\Lambda^\sigma_\beta\Delta\bar{x}^\alpha\Delta\bar{x}^\beta + \cdots$$

となる。この関係式の両辺の微分をとると，

$$\mathrm{d}x^\mu = \Lambda^\mu_\alpha\mathrm{d}\bar{x}^\alpha - \Gamma^\mu_{\rho\sigma}\Lambda^\rho_\alpha\Lambda^\sigma_\beta\Delta\bar{x}^\alpha\mathrm{d}\bar{x}^\beta + \cdots$$

という関係も得られる。これらの関係を用いて，線素 $\mathrm{d}s^2$ を新しい座標 $\bar{x}$ で書くと，

$$\mathrm{d}s^2 = \Lambda^\mu_\alpha\Lambda^\nu_\beta\Big[g_{\mu\nu}\big(0\big)+\big(g_{\mu\nu,\rho}\big(0\big)-2g_{\sigma(\mu}\big(0\big)\Gamma^\sigma_{\nu)\rho}\big)\Lambda^\rho_\gamma\Delta\bar{x}^\gamma\Big]\mathrm{d}\bar{x}^\alpha\mathrm{d}\bar{x}^\beta + \cdots \tag{2.3}$$

となる[*2]。ここで，添字につけられた（　）は対称化を意味する（たとえば，$A_{(\alpha\beta)} = (A_{\alpha\beta} + A_{\beta\alpha})/2$ である）。この式から，$x=0$ に対応する $\bar{x}^\alpha = \bar{x}^\alpha_{(0)}$ における座標変換後の計量テンソルは

$$\bar{g}_{\alpha\beta}\big(\bar{x}_{(0)}\big) = \Lambda^\mu_\alpha\Lambda^\nu_\beta g_{\mu\nu}\big(0\big) \tag{2.4}$$

と与えられることがわかる。Λ^μ_α は任意に選ぶことができるので

$$\bar{g}_{\alpha\beta}\big(\bar{x}_{(0)}\big) = \eta_{\alpha\beta} \tag{2.5}$$

とすることが可能である。実際，Λ^μ_α は $4\times4 = 16$ 個の成分をもつが，式(2.5)の条件は $\alpha\beta$ の添字に関して対称であるので，独立な条件式は10個であり，一般に解が存在しても不思議はなかろう（残りの6成分は3方向のローレンツ変

---

*2　$g_{\sigma(\mu}\big(0\big)\Gamma^\sigma_{\nu)\rho} = \big(g_{\sigma\mu}\big(0\big)\Gamma^\sigma_{\nu\rho} + g_{\sigma\nu}\big(0\big)\Gamma^\sigma_{\mu\rho}\big)/2$

換と3成分をもつ3次元回転の自由度である）。さらに，$g_{\mu\nu,\rho} - 2g_{\sigma(\mu}\Gamma^{\sigma}{}_{\nu)\rho} = 0$ の条件を満たすように $\Gamma^{\sigma}{}_{\nu\rho}$ を選ぶことができれば，$\Delta\bar{x}$ に関して1次の項を式 (2.3) から消すことができる。この条件を満たす $\Gamma^{\sigma}{}_{\nu\rho}$ は，

$$\Gamma^{\sigma}{}_{\nu\rho} = \frac{1}{2}g^{\sigma\mu}\left(g_{\mu\nu,\rho} + g_{\mu\rho,\nu} - g_{\nu\rho,\mu}\right) \tag{2.6}$$

で与えられるが，ここではその導出はせず，変数 $\Gamma^{\sigma}{}_{\nu\rho}$ の成分の数が方程式の数と等しいことを確認するにとどめる。$\Gamma^{\sigma}{}_{\nu\rho}$ は，添字 σ に関しては4通り，添字 $\nu\rho$ に関しては対称であるので $_5C_2 = 5 \times 4/2 = 10$ 通りで，合わせると $4 \times 10 = 40$ の独立な成分をもっている。これに対して条件式 $g_{\mu\nu,\rho} - 2g_{\sigma(\mu}\Gamma^{\sigma}{}_{\nu)\rho} = 0$ も添字 $\mu\nu$ に関して対称であるので独立な条件式の数は $10 \times 4 = 40$ で $\Gamma^{\sigma}{}_{\nu\rho}$ の成分の数に等しく，上式のように $\Gamma^{\sigma}{}_{\nu\rho}$ は完全に決定されるのである。以上のように，任意の点のまわりで座標変換後の計量を $\bar{g}_{\mu\nu} = \eta_{\mu\nu} + O(\Delta\bar{x}^2)$ となるように選ぶことができる。このような座標系を局所慣性系とよぶ。

以上，座標変換で $\bar{g}_{\mu\nu} = \eta_{\mu\nu} + O(\Delta\bar{x}^2)$ とできることを見たが，この $O(\Delta\bar{x}^2)$ の項を座標変換で完全に消すことはできない。式 (2.2) に現れた係数 $\Xi^{\mu}{}_{\nu\rho\sigma}$ は $\nu\rho\sigma$ の添字に関して完全対称であるので $4 \times {_6C_3} = 4 \times 6 \times 5 \times 4/(3 \times 2) = 80$ の独立な成分をもつ。一方，条件式の方は $g_{\mu\nu,\rho\sigma} - \cdots = 0$ という形になると期待されるが，添字 $\mu\nu$ と添字 $\rho\sigma$ に関してそれぞれ対称であるので，独立な条件式の数は $10 \times 10 = 100$ である。したがって，一般には20個の消せない成分が残ってくる。この消せない成分が時空の曲がり具合を表しており，曲率とよばれる。

テンソルと共変微分

次章以降の議論のために少々数学的な準備をしておきたい。物理を記述するには方向をもった量，ベクトルが不可欠である。われわれのなじみのある物理法則は局所慣性系で書かれたものである。4次元のベクトルの例として4元速度 $u^{\mu} \equiv \mathrm{d}x^{\mu}(\tau)/\mathrm{d}\tau$ を考えてみよう。ここではある軌跡 $x^{\mu}(\tau)$ を考えていて，τ は軌跡に沿って測った時間（固有時間）である。これまで通り対応する局所慣性系での4元速度を $\bar{u}^{\mu} \equiv \mathrm{d}\bar{x}^{\mu}(\tau)/\mathrm{d}\tau$ とバーをつけて表す。軌跡上のある1点を中

20 第2章 等価原理

心とした局所慣性系を張れば，$\mathrm{d}x^\mu = \Lambda^\mu_\alpha \mathrm{d}\bar{x}^\alpha$ が成り立つので，u^μ と $\bar{u}^\mu$ の間には

$$u^\mu(\tau) = \Lambda^\mu_\alpha \bar{u}^\alpha(\tau) = \frac{\partial x^\mu}{\partial \bar{x}^\alpha} \bar{u}^\alpha(\tau)$$

の変換則が成り立つ。ここで変換則の規則性がわかりやすくなるように行列 Λ を座標の偏微分で書き表した。このような形で変換するベクトルを反変ベクトルとよぶ。

反変ベクトル A^μ に対して計量と縮約することで添字を下付きに変更した，$A_\mu = g_{\mu\nu} A^\nu$ という量も定義できる。このベクトル A_μ の変換則は式 (2.4) を用いると

$$\bar{A}_\alpha = \bar{g}_{\alpha\beta} \bar{A}^\beta = \Lambda^\mu_\alpha g_{\mu\nu} \Lambda^\nu_\beta \bar{A}^\beta = \Lambda^\mu_\alpha g_{\mu\nu} A^\nu = \Lambda^\mu_\alpha A_\mu = \frac{\partial x^\mu}{\partial \bar{x}^\alpha} A_\mu$$

と与えられることがわかる。このような変換則に従うベクトルを共変ベクトルとよぶ。$\partial x^\mu / \partial \bar{x}^\alpha$ の μ は分子にあるので上付き添字，α は分母にあるので下付き添字だと考えれば，いずれの変換則も添字が必ず上下で縮約されている。さらに局所慣性系の添字と一般座標系の添字が縮約されることもない。$A_{\mu\nu}{}^\rho$ のように，複数の添字をもつ量の変換則も同様に

$$\bar{A}_{\alpha\beta}{}^\gamma = \frac{\partial x^\mu}{\partial \bar{x}^\alpha} \frac{\partial x^\nu}{\partial \bar{x}^\beta} \frac{\partial \bar{x}^\gamma}{\partial x^\rho} A_{\mu\nu}{}^\rho$$

と与え，このような形で変換する量を一般にテンソルとよぶ。計量テンソルもテンソルであり，式 (2.4) の変換則は上記の一般規則に従っている。計量テンソルの逆行列を $g^{\mu\nu}$ と書くと，逆行列の定義から $g^{\mu\nu} g_{\nu\sigma} = \delta^\mu_\sigma$（ここで，$\delta^\mu_\sigma$ はクロネッカーのデルタ）が成り立つ。この $g^{\mu\nu}$ を用い $A^\mu = g^{\mu\nu} A_\nu$ のように共変ベクトルを反変ベクトルに変換することもできる。

局所慣性系における物理法則には変数の時間・空間微分が現れる。これらの微分は，$\bar{A}^\alpha{}_{,\beta} = \partial \bar{A}^\alpha / \partial \bar{x}^\beta$ のような単純な偏微分である。この量を一般の座標系で表そう。テンソルの変換則に従って変換した量を「；」を使って

$$A^{\mu}_{\;;\nu} \equiv \frac{\partial x^{\mu}}{\partial \bar{x}^{\alpha}} \frac{\partial \bar{x}^{\beta}}{\partial x^{\nu}} \frac{\partial \bar{A}^{\alpha}}{\partial \bar{x}^{\beta}}$$

と表すことにする。この量は微分のチェーンルールを用いると[*3]

$$A^{\mu}_{\;;\nu} \equiv \frac{\partial x^{\mu}}{\partial \bar{x}^{\alpha}} \frac{\partial}{\partial x^{\nu}} \left(\frac{\partial \bar{x}^{\alpha}}{\partial x^{\rho}} A^{\rho} \right) = \frac{\partial x^{\mu}}{\partial \bar{x}^{\alpha}} \left(\frac{\partial \bar{x}^{\alpha}}{\partial x^{\rho}} \frac{\partial A^{\rho}}{\partial x^{\nu}} + \frac{\partial^{2} \bar{x}^{\alpha}}{\partial x^{\nu} \partial x^{\rho}} A^{\rho} \right) = \frac{\partial A^{\mu}}{\partial x^{\nu}} + \Gamma^{\mu}_{\;\nu\rho} A^{\rho}$$

のように計算できる。この微分を共変微分とよぶ。共変微分が0になることが局所慣性系で定ベクトルであることに対応している。共変ベクトルの共変微分も

$$A_{\mu;\nu} = \frac{\partial \bar{x}^{\alpha}}{\partial x^{\mu}} \frac{\partial}{\partial x^{\nu}} \left(\frac{\partial x^{\rho}}{\partial \bar{x}^{\alpha}} A_{\rho} \right) = \frac{\partial \bar{x}^{\alpha}}{\partial x^{\mu}} \left[\frac{\partial x^{\rho}}{\partial \bar{x}^{\alpha}} \frac{\partial A_{\rho}}{\partial x^{\nu}} + \left(\frac{\partial}{\partial x^{\nu}} \frac{\partial x^{\rho}}{\partial \bar{x}^{\alpha}} \right) A_{\rho} \right] = \frac{\partial A_{\mu}}{\partial x^{\nu}} - \Gamma^{\rho}_{\;\mu\nu} A_{\rho}$$

と計算できる。ここで，最後の等号で

$$0 = \frac{\partial \bar{x}^{\alpha}}{\partial x^{\mu}} \frac{\partial x^{\rho}}{\partial \bar{x}^{\gamma}} \frac{\partial}{\partial x^{\nu}} \delta^{\gamma}_{\alpha} = \frac{\partial \bar{x}^{\alpha}}{\partial x^{\mu}} \frac{\partial x^{\rho}}{\partial \bar{x}^{\gamma}} \frac{\partial}{\partial x^{\nu}} \left(\frac{\partial x^{\sigma}}{\partial \bar{x}^{\alpha}} \frac{\partial \bar{x}^{\gamma}}{\partial x^{\sigma}} \right)$$

$$= \frac{\partial \bar{x}^{\alpha}}{\partial x^{\mu}} \left(\frac{\partial}{\partial x^{\nu}} \frac{\partial x^{\rho}}{\partial \bar{x}^{\alpha}} \right) + \frac{\partial \bar{x}^{\alpha}}{\partial x^{\mu}} \frac{\partial x^{\sigma}}{\partial \bar{x}^{\alpha}} \frac{\partial x^{\rho}}{\partial \bar{x}^{\gamma}} \frac{\partial^{2} \bar{x}^{\gamma}}{\partial x^{\nu} \partial x^{\sigma}} = \frac{\partial \bar{x}^{\alpha}}{\partial x^{\mu}} \left(\frac{\partial}{\partial x^{\nu}} \frac{\partial x^{\rho}}{\partial \bar{x}^{\alpha}} \right) + \Gamma^{\rho}_{\;\mu\nu}$$

を用いた。これらの共変微分の公式に現れた $\Gamma^{\sigma}_{\;\nu\rho}$（計量テンソルが与えられれば式(2.6)で決まる）は，クリストッフェル記号とよばれる。この $\Gamma^{\sigma}_{\;\nu\rho}$ は局所慣性系への座標変換に現れた展開係数であったから，その定義により局所慣性系においては0である。局所慣性系において0になるテンソルはテンソルの変換

[*3] ここでチェーンルールとは，$\bar{x}$ の関数 $f(\bar{x})$ を，$\bar{x}$ が x の従属変数であると見なして x で偏微分するとき，

$$\frac{\partial f\left(\bar{x}(x)\right)}{\partial x^{\mu}} = \frac{\partial \bar{x}^{a}}{\partial x^{\mu}} \frac{\partial f(\bar{x})}{\partial \bar{x}^{a}} \bigg|_{\bar{x}=\bar{x}(x)}$$

が成り立つことを意味する。ここで $f(\bar{x})$ として $x^{\nu}(\bar{x})$ を選ぶと，

$$\frac{\partial \bar{x}^{a}}{\partial x^{\mu}} \frac{\partial x^{\nu}}{\partial \bar{x}^{a}} = \frac{\partial x^{\nu}}{\partial x^{\mu}} = \delta^{\nu}_{\mu}$$

となり，$\partial \bar{x}^{\alpha}/\partial x^{\mu}$ は $\partial x^{\mu}/\partial \bar{x}^{\alpha}$ の逆行列になっていることがわかる。

22 第2章 等価原理

則から，どのような座標系でも0にならなければならない。このことからわかるように，$\Gamma^{\sigma}_{\nu\rho}$はテンソルの変換則に従わない。

■ まとめ

等価原理から最終的に導かれた帰結は，時空というものが曲がっていることによって重力が記述されるという描像である。この描像は一般相対論の根幹を成す半面，一般相対論以外の多くの拡張された重力理論に対しても共通した理論の枠組みを与える。この章では時空の曲がりがどのように決定されるかについてはまったく議論しなかった。一般相対論が時空の曲がり方をどのように決定するかが次章のテーマである。

重力はけっして見かけの力ではない

小さな箱を考えると重力の効果が消えて見えるような座標系がいつでも存在しているということであれば，重力は本当に見かけの力なんじゃないかと疑ってしまう人もいるかもしれない。しかし，われわれが地球に引き寄せられている力は，重力にほかならない。限られた非常に小さな領域を見ている場合に限り，重力を消すような座標系を選ぶことが可能であるということが等価原理の主張であって，そのような座標系を広い領域で張ることができるということは一言も言っていない。地球の重力を例に考えると，たしかに地球上のある場所である時刻に自由落下する座標系を選ぶことは可能だ。ためしに，ある初期時刻において地球の中心に向かって自由落下し始める局所慣性系を選んだとしよう。そのような座標系を地球表面上全体で張りめぐらせたとすると，早晩，空間座標一定の曲線は地球の中心で交わってしまうということになり，座標系として破綻していることが容易にわかる。

　それに対して，地球表面に固定され，われわれがふだん慣れ親しんでいる座標系というのは，時間が経過しても破綻することはない。等価原理の説明では局所慣性系というのは，局所的に重力が消えるよう

に見える座標系という意味で特別な意味をもっている。したがって，等価原理という観点で見ると，地球表面に固定された座標系よりも自由落下する系である局所慣性系がえらいものであるように思われる。この考えは正しいが，一面的であるともいえる。地球の重力だけを考えているならば，地表に固定された座標系というのは，重力場が時間的に変化しないように見える座標系という特別な意味をもっている。この意味で，局所慣性系と同様にえらい座標系なのである。はじめに，どの座標で見ても同じように物理法則が書かれる究極の平等主義が一般相対論だと書いたが，法則は同じように書き表すことができても，状況設定に応じて特別な座標系というものは存在し得るのである。

　おもしろい問題として，地球表面に固定された電荷は電磁波を放射するかという問いがある。何を聞いているのかというと，電荷は加速されると電磁波を放射することが知られている。電磁波の一種である電波を発信しようとするときは，アンテナの中に存在する電荷である電子に電場をかけることでゆすってやり，加速することで電磁波を放射しているといえる。それでは，地球表面に固定された電荷は加速されているのかどうかと問われると，それはどの座標系で観測するかに依存してしまう。局所慣性系がそんなにえらいのであれば，局所慣性系から見て加速しているかどうかが問題なのではないかと考えるかもしれない。そうすると，地球表面に固定されている電荷は加速度運動していると判断される。一方で，地球表面に固定された座標系から見れば，電荷は同じ場所に留まっているということになる。それでは，この場合に電磁波は放射されるのかどうかというと，地球の自転を無視する近似では，電磁波は放射されないというのが正しい結論だ(B. S. DeWitt and R. W. Brehme: Annals Phys. **9**(1960)220, doi:10.1016/0003-4916(60)90030)。電荷による電磁放射の問題では，結果的に，地球表面に固定された座標が時間的に変化しない座標であるという性質のほうが，加速度を測る基準を選ぶうえで，より重要であるということになる。

―――――――――― 第 3 章 ――――――――――

アインシュタイン方程式

前章で，等価原理が満たされるためには，時空の曲がりによって重力が記述されるのが適当だという主張を展開した。この時空の曲がりを決定する方程式がアインシュタイン方程式である。この章ではこの方程式について説明する。

■ 一般座標変換に対する共変性

われわれの知っている重力が関与しない物理法則に重力をとり入れるさい，局所慣性系の存在は非常に便利だ。局所慣性系では重力が関与しない物理法則がそのまま成り立つとすればよい。しかしながら，曲がった時空を大域的に表すには局所慣性系を考えているだけでは不十分で，一般の座標系を使わざるを得ない。一般の座標系の選び方は任意なので，どの座標系を使うかによって方程式の形が違いそうである。事実，ニュートン力学においては，慣性系でのニュートンの運動の法則は $ma = F$ だが，非慣性系では慣性力の項が現れた。使う座標系によって，見かけ上異なる方程式を扱うことになる。しかし，テンソルを使って方程式が書ければそのような不都合がない。なぜなら前章で示したようにテンソルで書かれた方程式は，いつでも，局所慣性系で書かれた方程式に移ることが可能であり，しかも，座標変換で見かけの表式は変わらないからだ。ここで，テンソル同士の積やその縮約もやはりテンソルになることに注意しておこう。たとえば，$A_{\mu\nu}$ と $B_{\mu\nu}$，$C_{\mu\nu}$ の3つのテンソルから $D_{\mu\nu} = A_{\mu\sigma}B^{\sigma}_{\nu} + C_{\mu\nu}$ という新しい量を定義すると（$B^{\sigma}_{\nu} \equiv g^{\sigma\mu}B_{\mu\nu}$），$D_{\mu\nu}$ もたしかにテンソルの変換則を満たす（くり返された添字に関しては和をとる縮約の規則を思い出そう）。このようにテンソル量を使うことで座標の選び方によらずに物理法則を表すことが可能になる。このような，方程式の見かけの不変性を“一般共変性”という。

26   第3章　アインシュタイン方程式

もちろん，球対称な問題を解くには極座標を使うのが便利といったように，問題に応じたうまい座標を選べば計算が簡単になる。

■ 曲率テンソル

曲がった時空であっても，局所的に見ると平坦に見える。実際，局所慣性系 $\bar{x}$ を選ぶことで，計量テンソルを

$$\bar{g}_{\mu\nu} = \eta_{\mu\nu} + O\left(\Delta\bar{x}^2\right) \tag{3.1}$$

のように，ミンコフスキー時空の計量 $\eta_{\mu\nu}$ に近いものに選ぶことができた。しかしながら，$O(\Delta\bar{x}^2)$ の $\eta_{\mu\nu}$ からのずれは座標変換で完全に消すことができなかった。局所慣性系においては，その定義により，計量の1階微分 $\bar{g}_{\mu\nu,\rho}$ はすべて0だが，100成分ある計量の2階微分 $g_{\mu\nu,\rho\sigma}$ のうち，局所慣性系 $\bar{x}$ への座標変換，

$$\Delta\bar{x}^\alpha \equiv \bar{x}^\alpha - \bar{x}^\alpha_{(0)} = \left(\Lambda^{-1}\right)^\alpha_\mu \left(x^\mu + \frac{1}{2}\Gamma^\mu_{\nu\rho}x^\nu x^\rho + \frac{1}{3!}\Xi^\mu_{\nu\rho\sigma}x^\nu x^\rho x^\sigma + \cdots\right)$$
$$\Lambda^\mu_\alpha \equiv \frac{\partial x^\mu}{\partial\bar{x}^\alpha}$$

に含まれる任意係数 $\Xi^\mu_{\nu\rho\sigma}$（80成分）を選ぶことで消せるのは80成分のみで，残りの20成分は0とできなかった。この20成分の自由度を曲率とよんだのだった。ある注目する点のまわりの局所慣性系といっても，それだけで座標系が完全に決まるわけではない。時空が曲がっているのだから，できるだけ平坦に見えるように座標系を選ぶとしても，それはあくまで近似にすぎない。

　曲率を定量的に表すには，前章で導入したベクトルの共変微分を用いる。われわれが導入した共変微分は局所慣性系においては普通の偏微分であった。局所慣性系のミンコフスキー時空からのずれは $O(\Delta\bar{x}^2)$ であり，$\Delta\bar{x}^2$ の1階微分は $\Delta\bar{x} \to 0$ の極限で0になるので，1階微分については不定性がない。しかし，局所慣性系での2階微分には不定性が現れる。このことを明らかにするために，反変ベクトルの局所慣性系 $\{\bar{x}^\alpha\}$ への変換を具体的に書くと

$$\bar{A}^\alpha = \frac{\partial\bar{x}^\alpha}{\partial x^\mu}A^\mu = \left(\Lambda^{-1}\right)^\alpha_\nu \left(\delta^\nu_\mu + \Gamma^\nu_{\rho\mu}x^\rho + \frac{1}{2}\Xi^\nu_{\rho\sigma\mu}x^\rho x^\sigma + \cdots\right)A^\mu$$

となるが，この表式には

$$\frac{1}{2}\left(\Lambda^{-1}\right)^{\alpha}_{\nu}\,\Xi^{\nu}_{\rho\sigma\mu}x^{\rho}x^{\sigma}A^{\mu}\approx\frac{1}{2}\left(\Lambda^{-1}\right)^{\alpha}_{\nu}\Lambda^{\rho}_{\beta}\Lambda^{\sigma}_{\gamma}\Xi^{\nu}_{\rho\sigma\mu}\Delta\bar{x}^{\beta}\Delta\bar{x}^{\gamma}A^{\mu}$$

という項が含まれる。この展開係数 $\Xi^{\mu}_{\nu\rho\sigma}$ は局所慣性系への変換という条件（式
（3.1）を満たすという条件）では決まらないので，$\bar{A}^{\alpha}_{,\beta\gamma}$ は不定となる。これに
対して，共変微分であれば2階微分も不定性なく定義できる。1階微分である
$A^{\mu}_{;\nu}$ はテンソルとして変換するように定義された量である。テンソルの共変微
分は，反変ベクトルや共変ベクトルに対する共変微分と同様に定義できる。た
とえば，B^{μ}_{ν} の共変微分は

$$B^{\mu}_{\nu;\rho}=B^{\mu}_{\nu,\rho}+\Gamma^{\mu}_{\sigma\rho}B^{\sigma}_{\nu}-\Gamma^{\sigma}_{\nu\rho}B^{\mu}_{\sigma}$$

と与えられる[*1]。したがって，共変微分による2階微分 $A^{\mu}_{;\nu\rho}$ もまたテンソルと
して定義される。ここで，通常の偏微分では微分の順序が交換する（$A^{\mu}_{,\nu\rho}=$
$A^{\mu}_{,\rho\nu}$）のに対して，共変微分では微分の順序が交換しない（$A^{\mu}_{;\nu\rho}\neq A^{\mu}_{;\rho\nu}$）という
点が大きな違いである。微分の順序による差を計算すると，

$$\begin{aligned}
A^{\mu}_{;\nu\rho}-A^{\mu}_{;\rho\nu}&=\left(\Gamma^{\mu}_{\sigma\nu,\rho}-\Gamma^{\mu}_{\sigma\rho,\nu}-\Gamma^{\mu}_{\xi\nu}\Gamma^{\xi}_{\sigma\rho}+\Gamma^{\mu}_{\xi\rho}\Gamma^{\xi}_{\sigma\nu}\right)A^{\sigma}\\
&\equiv R^{\mu}_{\sigma\rho\nu}A^{\sigma}
\end{aligned} \tag{3.2}$$

となる。この式で曲率テンソル $R^{\mu}_{\sigma\nu\rho}$ が定義される。

　上式の左辺がテンソルとして，右辺の A^{σ} が反変ベクトルとして変換するこ
とから，$R^{\mu}_{\sigma\nu\rho}$ もテンソルの変換則に従う。曲率テンソルが $R^{\mu}_{\sigma\nu\rho}=-R^{\mu}_{\sigma\rho\nu}$ とい
う対称性をもっていることは上の定義から明らかだ。ここでは示さないが，曲
率テンソルはほかにも

[*1] B^{μ}_{ν} として，$B^{\mu}_{\nu}=A^{\mu}C_{\nu}$ を考えれば，

$$B^{\mu}_{\nu;\rho}=A^{\mu}_{;\rho}C_{\nu}+A^{\mu}C_{\nu;\rho}=A^{\mu}_{,\rho}C_{\nu}+A^{\mu}C_{\nu,\rho}+\Gamma^{\mu}_{\rho\sigma}A^{\sigma}C_{\nu}-\Gamma^{\sigma}_{\rho\nu}A^{\mu}C_{\sigma}=B^{\mu}_{\nu,\rho}+\Gamma^{\mu}_{\rho\sigma}B^{\sigma}_{\nu}-\Gamma^{\sigma}_{\rho\nu}B^{\mu}_{\sigma}$$

が得られることは理解できる。

28　第3章　アインシュタイン方程式

$$R_{\mu\sigma\nu\rho} = - R_{\sigma\mu\nu\rho}, \qquad R_{\mu\sigma\nu\rho} = R_{\nu\rho\mu\sigma}, \qquad R^{\mu}{}_{\sigma\nu\rho} + R^{\mu}{}_{\nu\rho\sigma} + R^{\mu}{}_{\rho\sigma\nu} = 0$$

という対称性をもっている。これらを考慮すると $R^{\mu}{}_{\sigma\nu\rho}$ の独立な成分の数は20であることがわかる。これは計量テンソルの2階微分 $g_{\mu\nu,\rho\sigma}$ の100の成分のうちで座標変換によって0にできない成分の数に一致する。

　曲率テンソルから定義される

$$R_{\sigma\nu} \equiv R^{\mu}{}_{\sigma\mu\nu}, \qquad R \equiv R^{\mu}{}_{\mu}$$

は，それぞれリッチテンソル，スカラー曲率とよばれる。リッチテンソルは対称 $(R_{\sigma\nu} = R_{\nu\sigma})$ であり，独立な成分の数は10である。さらに，式 (3.2) の曲率テンソル $R^{\mu}{}_{\sigma\nu\rho}$ の定義から，容易に

$$R^{\mu}{}_{\sigma\nu\rho;\tau} = \Gamma^{\mu}{}_{\sigma\nu,\rho\tau} - \Gamma^{\mu}{}_{\sigma\rho,\nu\tau} + (\text{微分の掛からない} \Gamma \text{を含む項})$$

が示される。局所慣性系で $\Delta\bar{x} = 0$ の点で考えると $\Gamma^{\mu}{}_{\sigma\rho} = 0$ であるから，「微分の掛からない Γ を含む項」は消え，最初の2項だけに着目すればよい。普通の偏微分の順序は交換することに注意すると，ビアンキの恒等式

$$\begin{aligned}
R^{\mu}{}_{\sigma[\nu\rho;\tau]} &= \frac{1}{3}\left(R^{\mu}{}_{\sigma\nu\rho;\tau} + R^{\mu}{}_{\sigma\rho\tau;\nu} + R^{\mu}{}_{\sigma\tau\nu;\rho} \right) \\
&= \frac{2}{3}\left(\Gamma^{\mu}{}_{\sigma\nu,\rho\tau} - \Gamma^{\mu}{}_{\sigma\rho,\nu\tau} + \Gamma^{\mu}{}_{\sigma\rho,\tau\nu} - \Gamma^{\mu}{}_{\sigma\tau,\rho\nu} + \Gamma^{\mu}{}_{\sigma\tau,\nu\rho} - \Gamma^{\mu}{}_{\sigma\nu,\tau\rho} \right) \\
&= 0
\end{aligned}$$

が局所慣性系で成り立つことがわかる。ここで添字につけた [　] は反対称化を表す。すなわち，

$$A_{[\mu\nu\rho]} = \frac{1}{6}\left(A_{\mu\nu\rho} + A_{\nu\rho\mu} + A_{\rho\mu\nu} - A_{\mu\rho\nu} - A_{\nu\mu\rho} - A_{\rho\nu\mu} \right)$$

である。$R^{\mu}{}_{\sigma[\nu\rho;\tau]} = 0$ はテンソル方程式であるので，局所慣性系に限らず任意の座標系で成立する。さらに，μ と ν，ρ と σ を縮約すると，

$$0 = -g^{\rho\sigma}\left(R^{\mu}{}_{\sigma\mu\rho;\tau} + R^{\mu}{}_{\sigma\rho\tau;\mu} + R^{\mu}{}_{\sigma\tau\mu;\rho} \right) = 2G^{\mu}{}_{\tau;\mu}, \qquad G_{\mu\nu} \equiv R_{\mu\nu} - \frac{1}{2}g_{\mu\nu}R \qquad (3.3)$$

が得られる。ここで，$g^{\rho\sigma}{}_{;\tau}=0$を用いた。$g^{\rho\sigma}{}_{;\tau}=0$が局所慣性系の$\Delta\bar{x}=0$の点で成り立つことは式（3.1）と，$\Gamma^{\mu}_{\sigma\rho}=0$であることから明らかだが，テンソル方程式であるので任意の座標系で成立する。新たに導入した$G_{\mu\nu}$はアインシュタインテンソルとよばれる。

▌ アインシュタイン方程式

等価原理から，重力が時空の曲がりとして記述されるべきであると結論した。そして，曲がった時空を表すのに計量テンソル$g_{\mu\nu}$を用いることにした。したがって，この計量テンソルを決定する方程式を与えることが，重力理論を与えることになる。素朴に考えると決定すべき計量の成分の数と同じ10本の方程式を与えればよい。$g_{\mu\nu}$と同じ2階（添字を2つもつという意味）の対称テンソルの方程式であれば10個の成分をもつ。時空の曲がりを表す10成分の量としてはリッチテンソル$R_{\mu\nu}$がある。時空が平坦なミンコフスキー時空で与えられるとき，リッチテンソルは0となる。したがって，物質が存在しない時空に対しては，$R_{\mu\nu}=0$という方程式が成り立つと考えて矛盾はない。

ここで，1つ注意が必要だ。座標の選び方は任意なので，重力場の方程式の1つの解$g_{\mu\nu}$を異なる座標で書き表した$g'_{\mu\nu}$も解でなければならない。一般の座標変換には$x'^{\mu}=f^{\mu}(x)$と4つの任意関数を含むので，計量の10成分のうち4成分は自由に選ぶことができる。したがって，重力場の方程式の独立な成分の数は6個のはずで，$R_{\mu\nu}=0$が10成分をもつことは矛盾しないかと疑問になる。種明かしをすると，$R_{\mu\nu}$の成分間には4個の恒等式（3.3）が成立するために，方程式$R_{\mu\nu}=0$の独立な成分の数はじつは6個しかないのだ。

さて，この式$R_{\mu\nu}=0$という方程式を物質が存在する場合に拡張することを考えよう。このとき，もっとも単純な発想は，右辺に物質にかかわる2階の対称テンソルを加えるというものだろう。ここではもっとも単純な物質の例として，エネルギー密度ρ，圧力Pの完全流体を考える。流体が静止して見える局所慣性系で

$$T^{tt}=\frac{\varepsilon}{c^2}, \qquad T^{ij}=P\delta^{ij} \qquad \left(x^1=x,\ x^2=y,\ x^3=z\right) \tag{3.4}$$

となる量を定義する。これを一般の座標系で流体の4元速度$u^{\mu}(x)$を用いてテ

30　第3章　アインシュタイン方程式

ンソルとして表すと，

$$T^{\mu\nu}=\left(\varepsilon+P\right)u^{\mu}u^{\nu}+Pg^{\mu\nu}$$

となる。逆に，流体が静止して見える局所慣性系では $u^0 = 1/c$, $u^i = 0$, および，$g^{\mu\nu} = \eta^{\mu\nu}$ であることから，これらを代入すると式 (3.4) に戻る。このテンソル $T^{\mu\nu}$ は流体のエネルギー運動量テンソルとよばれ，アインシュタインテンソル $G_{\mu\nu}$ と同様に

$$T^{\nu}_{\mu;\nu}=0 \tag{3.5}$$

を満たす。なぜならこの方程式は4成分からなるが，時間成分と空間成分がそれぞれエネルギー保存則と運動量保存則に対応するからだ[*2]。曲率を無視する近似で考えると共変微分は普通の微分におき換えられ，

$$0 = T^{\nu}_{\mu,\nu} = T^{t}_{\mu,t} + T^{x}_{\mu,x} + T^{y}_{\mu,y} + T^{z}_{\mu,z}$$

を得るが，これを4次元体積で積分すると，

$$\begin{aligned}
0 &= \int_{t_1}^{t_2}\mathrm{d}t \int_{x_1}^{x_2}\mathrm{d}x \int_{y_1}^{y_2}\mathrm{d}y \int_{z_1}^{z_2}\mathrm{d}z\, T^{\nu}_{\mu,\nu} \\
&= \int_{x_1}^{x_2}\mathrm{d}x \int_{y_1}^{y_2}\mathrm{d}y \int_{z_1}^{z_2}\mathrm{d}z\left(T^{t}_{\mu}\left(t_2\right)-T^{t}_{\mu}\left(t_1\right)\right) \\
&\quad + \int_{t_1}^{t_2}\mathrm{d}t \int_{y_1}^{y_2}\mathrm{d}y \int_{z_1}^{z_2}\mathrm{d}z\left(T^{x}_{\mu}\left(x_2\right)-T^{x}_{\mu}\left(x_1\right)\right)+\cdots
\end{aligned} \tag{3.6}$$

を得る。たとえば，この式の $\mu = t$ 成分に着目し，T^t_t をこの座標系で見たエネ

[*2]　完全流体に対して式 (3.6) を局所慣性系で書き下すと

$$\left[\left(\varepsilon+P\right)u^{\mu}u^{\nu}\right]_{,\nu}=-P_{,\nu}\eta^{\mu\nu}$$

となる。ここで，流体の速度が光速 c に比べて小さいとして $u^{\nu} \approx (1, v^i)$, $(|v^i| \ll 1)$ と近似し，圧力がエネルギー密度に比べて非常に小さい $(\varepsilon \gg P)$ として，$\mu = t$ 成分と $\mu = i$ 成分をそれぞれとり出すと

$$\frac{\partial\varepsilon}{\partial t}+\left[\varepsilon v^i\right]_{,i}=0, \qquad \frac{\partial\left(\varepsilon v^i\right)}{\partial t}+\left[\varepsilon v^i v^j\right]_{,j}=-P^{,i}$$

となる。最初の式は連続の方程式，2番目の式は流体の運動方程式を表す。

ルギー密度，T^i_t をエネルギーフラックスと見なすと，〈図3.1〉のように側面から流れ込んだエネルギーの分だけエネルギーが増加することを表す式であることがわかる。しかしながら，一般の曲がった時空では共変微分に含まれる $\Gamma^\mu_{\sigma\rho}$ に依存した余分な項のせいで，単純なエネルギー保存の描像は成立しない。物理的には，エネルギーの保存則は重力のポテンシャルエネルギーも含めて，はじめて成立するものであるが，一般の時空では重力ポテンシャルも時間変化するので，保存則が成り立つと期待する理由がない。そうはいえ，ニュートン力学では重力のポテンシャルエネルギーも含めてエネルギー保存則が厳密に成立した。したがって，一般相対論においても重力も含めたエネルギー保存則が存在すべきだと考えるかもしれない。その推察は正しいのだが，一般相対論におけるエネルギー運動量保存の議論は式 (3.6) のように単純な議論ではすまず，やや込み入った話になる[*3]。

さて，上記のように定義された物質に関する2階の対称テンソル $T_{\mu\nu}$ を用いて，もっとも簡単な重力場の方程式を立てると，

$$G_{\mu\nu} = \frac{8\pi G_\mathrm{N}}{c^4} T_{\mu\nu} \tag{3.7}$$

となる。これがアインシュタイン方程式である。次章で，ニュートン重力が近似的に現れる極限を考察するが，そのさいに G_N はニュートンの万有引力定数であることが明らかになる。また，c は光速である。

[*3] そもそもエネルギーや運動量の保存則はなぜ成立するのか？ 物理における保存則は基本的には考えている系の対称性に由来している。エネルギーや運動量の保存は，それぞれ時間座標，空間座標の原点のとり換えに対して物理法則が不変だという性質（並進対称性）に起因する。特別な座標点をわざわざ導入した理論を考えない限り，並進対称性は一般に理論に備わっており，一般相対論も例外ではない。しかしながら，一般相対論では並進対称性に対応する保存量は，重力場の方程式であるアインシュタイン方程式の成分に一致し，解である限りつねに0となるため，意味のある保存するエネルギー密度や運動量密度を並進対称性から定義することはできない。にもかかわらず，ここでは説明しないが，孤立した重力系に対しては保存するエネルギーや運動量が定義できることを断っておく。

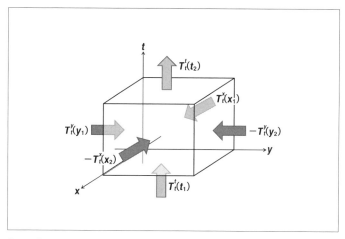

〈図3.1〉 エネルギー保存則の概念図
側面から流入したエネルギーフラックスの分だけエネルギーが変化するということを式(3.6)は表している。

変分原理

式変形がやや高度になるので，以上の議論では変分原理を用いなかった。変分原理というのは，作用関数といわれる場の配位を与えると値が定まる関数（より正確には汎関数）を用意し，作用関数が場の配位を無限小変化させても停留する条件から方程式が導かれることを意味する。われわれの知っている物理の基本法則はすべて変分原理で導かれるので，重力場の方程式も例外でないと考えるのが自然だ。物質がない場合のアインシュタイン方程式を導く作用関数はアインシュタイン-ヒルベルト作用とよばれ，

$$S_g = \left(16\pi G_N\right)^{-1} \int d^4x \sqrt{-g} R \tag{3.8}$$

で与えられる。ここで，この量が座標の選び方に依存しない，すなわち，スカラーとして変換するために $\sqrt{-g(x)} \equiv \sqrt{-\det g_{\mu\nu}(x)}$ が必要である。このことを示すには，

$$g'_{\mu\nu}(x') = g_{\alpha\beta}(x)\frac{\partial x^\alpha}{\partial x'^\mu}\frac{\partial x^\beta}{\partial x'^\nu}$$

というテンソルの変換則を $(\Lambda)^\alpha_\mu = \partial x^\alpha/\partial x'^\mu$ という行列を定義し，行列の式として $g' = \Lambda^t g \Lambda$ と表す。この式の両辺の行列式を求めると，行列の積の行列式は，それぞれの行列式の積なので $g' = g(\det\Lambda)^2$ を得る。一方で，多変数の積分の変数測度は，ヤコビ行列式 $(\det\Lambda)$ を用いて $\mathrm{d}^4 x = \mathrm{d}^4 x'(\det\Lambda)$ のように変換する。これらから $\mathrm{d}^4 x\sqrt{-g}$ が座標変換で不変なスカラー量であるとわかる。リッチスカラー R も座標変換に対して不変であるので，式（3.8）の作用関数も座標系の選び方に依存しない。式（3.8）は，そのような座標系の選び方に依存しない，計量の微分を含む作用関数のなかでもっとも簡単なものである。

この作用関数を停留させるとは，任意の無限小の変分 $\delta g^{\mu\nu}$ により生じる S の変化 $\delta S_g = \int(\delta S_g/\delta g^{\mu\nu})\delta g^{\mu\nu}\mathrm{d}^4 x$ が0になるということである[*4]。ここから運動方程式 $\delta S_g/\delta g^{\mu\nu} = 0$ が導かれる。式（3.8）のアインシュタイン-ヒルベルト作用の場合は，$\delta S_g/\delta g^{\mu\nu} = (16\pi G_\mathrm{N})^{-1}\sqrt{-g}\,G_{\mu\nu}$ となる。物質が存在する場合には物質場の運動方程式も必要なので，物質場の作用 S_m も加えなければならない。一般に，S_m にも計量テンソル $g^{\mu\nu}$ は含まれるので，$\delta S_m/\delta g^{\mu\nu} \equiv -\sqrt{-g}\,T_{\mu\nu}/2c^4$ で物質のエネルギー運動量テンソルを定義する。そうしたとき，作用 $S_g + S_m$ の変分原理から導かれる方程式が式（3.7）のアインシュタイン方程式である。

変分原理にもとづく導出では，式（3.3）や式（3.5）の恒等式も比較的容易に理解できる。まず，無限小座標変換

$$x'^\mu = x^\mu + \varepsilon\xi^\mu(x), \qquad \varepsilon \ll 1$$

[*4] $\delta S_g/\delta g^{\mu\nu}$ は見慣れない記号かもしれないが，作用が

$$S_g = \int \mathrm{d}^4 x\, L_g\left(g^{\mu\nu}, g^{\mu\nu}_{,\rho}, g^{\mu\nu}_{,\rho\sigma}\right)$$

とラグランジアン L_g を用いて書かれているとき，より具体的に

$$\delta S_g/\delta g^{\mu\nu} = \partial L_g/\partial g^{\mu\nu} - \left(\partial L_g/\partial g^{\mu\nu}_{,\rho}\right)_{,\rho} + \left(\partial L_g/\partial g^{\mu\nu}_{,\rho\sigma}\right)_{,\rho\sigma}$$

と書かれる。一般に，このようにして得られる作用の変分＝0とした方程式をオイラー-ラグランジュ方程式とよぶ。

により生じる計量テンソル $g_{\mu\nu}$ の変分を考える。ε の1次のみを残すと，

$$g'^{\mu\nu}(x') = g^{\mu\nu}(x) + \varepsilon\left(g^{\mu\alpha}\xi^{\nu}_{,\alpha} + g^{\alpha\nu}\xi^{\mu}_{,\alpha}\right) + O\left(\varepsilon^{2}\right) \qquad (3.9)$$

となる[*5]。左辺は，

$$g'^{\mu\nu}(x') = g'^{\mu\nu}(x) + \varepsilon g'^{\mu\nu}_{,\rho}\xi^{\rho} + O\left(\varepsilon^{2}\right) = g'^{\mu\nu}(x) + \varepsilon g^{\mu\nu}_{,\rho}\xi^{\rho} + O\left(\varepsilon^{2}\right)$$

と変形できる。式(3.9)の第2項はこの右辺第2項と合わせて，

$$\delta g^{\mu\nu}(x) = g'^{\mu\nu}(x) - g^{\mu\nu}(x) = \varepsilon\left(g^{\mu\alpha}\xi^{\nu}_{;\alpha} + g^{\alpha\nu}\xi^{\mu}_{;\alpha}\right) + O\left(\varepsilon^{2}\right)$$

と共変微分の形にまとまる。S_g は座標の選び方に依存しないように構成したのだから，座標変換による S_g の変化は0のはずで，

$$0 = \int\sqrt{-g}\,G^{\nu}_{\mu}\xi^{\mu}_{;\nu}\mathrm{d}^{4}x = -\int\sqrt{-g}\,G^{\nu}_{\mu;\nu}\xi^{\mu}\mathrm{d}^{4}x$$

を得る。ここで，第2の等号で部分積分を行った[*6]。任意の ξ^{μ} に対して上式が成り立つことから，恒等式(3.3)が導かれる。式(3.5)もほぼ同様である。以上

[*5] 第2章に説明した，一般の座標系と局所慣性系の間のテンソルの変換則と微分のチェーンルールを使うと，一般の座標系間のテンソルの変換則も同様に

$$A'_{\alpha\beta}{}^{\gamma}(x') = \frac{\partial x^{\mu}}{\partial x'^{\alpha}}\frac{\partial x^{\nu}}{\partial x'^{\beta}}\frac{\partial x'^{\gamma}}{\partial x^{\rho}}A_{\mu\nu}{}^{\rho}(x)$$

と与えられることがわかる。

[*6] 共変微分を含む部分積分には，公式

$$\sqrt{-g}\,A^{\mu}_{;\mu} = \left(\sqrt{-g}\,A^{\mu}\right)_{,\mu}$$

であることを用いる。この公式を示すにはクリストッフェル記号の定義と，

$$g_{,\mu} = gg^{\alpha\beta}g_{\alpha\beta,\mu} \qquad (3.10)$$

であることを用いる。式(3.10)を示すには線形代数における逆行列と行列式，余因子行列式の関係などの知識が必要になる。

から，恒等式(3.3)や(3.5)が成り立つのは偶然ではなく，作用の座標変換不変性の直接的帰結であると結論される。

アインシュタイン方程式の誕生

アインシュタインは1915年11月に4回の連続講義とともに4編の短い論文を発表している（Preussische Akademie der Wissenschaften, Sitzungsberichte(1915)に掲載）。この最初の論文に現れている方程式の左辺は式(3.7)と異なり，$R_{\mu\nu}$で書かれていた。このような方程式が現れることは，この章で説明したようなアインシュタイン方程式の導出を踏まえるとあり得ないことである。とりわけ，変分原理にもとづいた導出を考えるさいにアインシュタインテンソル$G_{\mu\nu}$が出現することは必然だと思われる。一般座標変換に対する不変性から作用関数を座標のとり方に依存しないように選ぶ必要がある。そのように選ばれた作用関数の変分から方程式が導かれるという場合に，作用原理にもとづいて導かれる方程式であれば，「変分原理」の節で説明したように，$G_{\mu\nu}$のような$G^{\mu}{}_{\nu;\mu}=0$を満たす量がどうしても出てこなければならない。

　アインシュタインはこの方程式を11月25日に行われた4回目の講義で訂正し式(3.7)の形のアインシュタイン方程式が誕生するわけだが，そこに至る過程がそれほどすっきりとしていなかったからこそ，このような紆余曲折を経ることになったわけである。発表当時，この理論がとても難解な理論だと受け止められたとしても，それほど不思議ではないような気がする。本当のところ，アインシュタインがこのアインシュタイン方程式に至るまでには，もっと，長い年月がかかっている。マーセル・グロスマンとの共著で1914年に発表された論文（A. Einstein & M. Grossmann : *Entwurf einer verallgemeinerten Relativitätstheorie und einer Theorie der Gravitation*, Zeitschrift für Mathematik und Physik, 62:225(1914)）には，すでにその原型がある。

科学者の世界には論文の査読というシステムがある。新しい論文は近い分野で研究する研究者がその内容を吟味して雑誌に掲載する価値がある論文であるかどうかを判断する。投稿される論文の中には，明らかな矛盾を含んでいるものもある。そういう明らかな矛盾を含む論文の場合には，矛盾点を指摘して，掲載するには不適切であるという評価を下すことになる。しかし，このアインシュタインの例を考えると，そういう論文の中にも何か大発見の原石が含まれているのかもしれない。大半が磨いても光らない原石であることをわれわれはよく知っているが，それでも何か大事なことが議論されていることを見落としてはいまいかと考えるため，論文の査読には多大な労力が必要とされる。

▌ まとめ

一般相対論において重力は時空の曲がり方により記述される。この章ではその時空の曲がり方を決定するアインシュタイン方程式を導入した。この方程式は曲率テンソル $R^{\mu}_{\nu\rho\sigma}$ の一部であるリッチテンソル $R_{\mu\nu}$ と，物質の状態を表すエネルギー運動量テンソル $T_{\mu\nu}$ を等号で結ぶという単純なものであった。見かけは簡単だが，リッチテンソルは計量テンソルとその2階微分までを含む非線形の量であるため，その解を得ることや解の性質を調べることは容易ではない。そのため，さまざまな近似手法や解析方法の研究がなされてきたのである。

―――――――――― 第 4 章 ――――――――――

ニュートン近似と一般相対論の検証

前章では一般相対論の基礎方程式であるアインシュタイン方程式を導入した。この理論が現実の重力を正しく記述することがどのように検証されてきたかを解説する。

弱い重力の近似

一般にアインシュタイン方程式を解くことは難しいが，適切な近似のもとでニュートン重力を再現することができる。具体的な近似の話をする前に，前章で登場したアインシュタイン方程式

$$G_{\mu\nu} = \frac{8\pi G_{\mathrm{N}}}{c^4} T_{\mu\nu} \tag{4.1}$$

の次元を考える。相対論の議論では，しばしば $c = 1$ および，$\hbar = 1$ として質量の逆数やエネルギーの逆数，および，時間の次元を長さの次元と同一視して議論する。計量テンソルが長さの2乗の次元をもち，座標は無次元だと考えることも可能だが，ここでは，計量テンソルは無次元で座標 x^μ が長さの次元をもつと考える。アインシュタインテンソル $G_{\mu\nu}$ を具体的に書き下すと，その各項には計量の微分が2つずつ（2階微分が1つか1階微分が2つ）含まれるので，$[G_{\mu\nu}]$ ＝（長さ）$^{-2}$ である（ここで $[*]$ は変数 $*$ の次元を意味する）。一方で，$T_{\mu\nu}$ の次元は4次元時空でのエネルギー密度の次元と等しいので，$[T_{\mu\nu}]$ ＝（長さ）$^{-4}$ である。したがって，G_{N} は（長さ）^{2} の次元をもつ必要があるが，これは万有引力定数の単位が $\mathrm{m^3\,g^{-1}\,s^{-2}}$ であることと符合している。G_{N}, c, $\hbar$ を組み合わせて長さの次元をもった量をつくると $\ell_{\mathrm{pl}} = \sqrt{\hbar G_{\mathrm{N}}/c^3} \approx 1.6 \times 10^{-35}\,\mathrm{m}$ となり，こ

れをプランク長という。これは現実的な物理の世界に登場する長さのスケールに比べてはなはだ小さい。たとえば原子核内の陽子や中性子間の距離はおよそ 10^{-15} m である。同様にエネルギーの次元をつくると $E_{pl} = \sqrt{\hbar c^5/G_N} \approx 1.2 \times 10^{19}$ GeV（1 GeV $= 10^9$ eV）となり，これをプランクエネルギーという。これは現実的な物理に登場するエネルギースケールに比べてはなはだ大きい。たとえば陽子や中性子の静止エネルギーはおよそ 1 GeV である。そのため，式（4.1）の右辺は小さな量になり，曲率も小さいということになる。

具体的に太陽の表面で，曲率の大きさを見積もってみる。式（4.1）に（$r_\odot =$ 太陽半径）^{2} を掛けて無次元化した量を評価すると

$$r_\odot^2 G_{\mu\nu} \approx \frac{G_N}{c^2} r_\odot^2 \times \left(物質の密度\right) \approx \frac{G_N M_\odot}{c^2 r_\odot} \tag{4.2}$$

となる。太陽質量は $M_\odot \approx 2 \times 10^{33}$ g，太陽半径は $r_\odot \approx 7 \times 10^5$ km である（むしろ，$G_N M_\odot/c^2 \sim 1.5$ km を覚えておくほうが便利なことが多い）。これを使うと，即座に式（4.2）の無次元量は 2×10^{-6} 程度という小さな数だとわかる。このことは計量テンソル $g_{\mu\nu}$ のミンコフスキー計量 $\eta_{\mu\nu}$ からのずれ（摂動）$h_{\mu\nu} \equiv g_{\mu\nu} - \eta_{\mu\nu}$ も同様に小さいことを意味する。より正確には，時間の次元を長さの次元と同一視せずに c をあらわに書く約束では $\eta_{tt} = -c^2$ は次元をもつので，次元をもたない摂動 $h^\mu_\nu = \eta^{\mu\rho} h_{\rho\nu}$ を考えるべきだ。曲率は計量の2階微分なので，典型的な長さスケールを L として（曲率）$\approx h^\mu_\nu/L^2$ が成り立つ。太陽表面では $L \approx r_\odot$ とするのが妥当であるから，計量の摂動 h^μ_ν が式（4.2）のように小さいことがわかる。

このようにミンコフスキー計量 $\eta_{\mu\nu}$ からのずれが小さい場合に式（4.1）のアインシュタイン方程式を書き下す。

$$\psi_{\mu\nu} \equiv h_{\mu\nu} - \frac{1}{2}\eta_{\mu\nu} h, \qquad h \equiv h^\mu_\mu$$

という量を定義し，4成分の座標の選び方の任意性を用いて，4つの条件式 $\psi^\nu_{\mu,\nu} = 0$ が成り立つ座標系を選ぶことにする。$h = -\psi \equiv -\psi^\mu_\mu$ であることから，上式は逆に解けて，$h^\mu_\nu = \psi^\mu_\nu - \delta^\mu_\nu \psi/2$ を得る。$\psi_{\mu\nu}$ を用いると，式（4.1）のアイ

ンシュタイン方程式はh^μ_νの2次の量を無視する近似で

$$\left(-\frac{\partial^2}{c^2\partial t^2}+\Delta\right)\psi_{\mu\nu}=-\frac{16\pi G_N}{c^4}T_{\mu\nu}, \qquad \Delta=\frac{\partial^2}{\partial x^2}+\frac{\partial^2}{\partial y^2}+\frac{\partial^2}{\partial z^2} \tag{4.3}$$

となる[*1]。星のエネルギー密度εと圧力Pの間には$G_N M_\odot \varepsilon/c^2 r_\odot \approx P$（重力ポテンシャルのエネルギー密度と熱力学的な内部エネルギー密度のつり合い）の関係が成り立つので，$P/\varepsilon \approx$式(4.2)となり，式(4.3)の右辺において圧力Pの寄与はエネルギー密度εに対して無視できる。また，惑星の重力による太陽の運動や，太陽の自転の影響を無視すると，$\psi_{\mu\nu}$のなかでゼロでない成分はtt成分のみであり，それを$\psi_{tt}=-4\Phi$とおくと

$$\Delta\Phi=4\pi G_N\rho$$

となる。これは，Φをニュートンポテンシャルとみれば，ニュートン重力でおなじみのポアソン方程式と同じ式である。したがって，このような弱い重力の近似をニュートン近似[*2]という。$h^\mu_\nu=\psi^\mu_\nu-\delta^\mu_\nu\psi/2$の関係を用いると，$\psi_{tt}$以外

[*1] まず，クリストッフェル記号をh^μ_νの1次の項のみを残して書き下すと

$$\Gamma^\sigma_{\nu\rho}=\frac{1}{2}g^{\sigma\mu}\left(g_{\mu\nu,\rho}+g_{\mu\rho,\nu}-g_{\nu\rho,\mu}\right)\approx\frac{1}{2}\eta^{\sigma\mu}\left(h_{\mu\nu,\rho}+h_{\mu\rho,\nu}-h_{\nu\rho,\mu}\right) \tag{4.4}$$

と与えられる。したがって，リッチ曲率テンソルは

$$R_{\rho\sigma}=R^\mu_{\;\sigma\mu\rho}=-\Gamma^\mu_{\sigma\mu,\rho}+\Gamma^\mu_{\sigma\rho,\mu}+\Gamma^\mu_{\xi\mu}\Gamma^\xi_{\sigma\rho}-\Gamma^\mu_{\xi\rho}\Gamma^\xi_{\sigma\mu}\approx\frac{1}{2}\left(h^\alpha_{\mu,\alpha\nu}+h^\alpha_{\nu,\alpha\mu}-h_{,\mu\nu}-h_{\mu\nu,\alpha}{}^{,\alpha}\right)$$

である。ここで，$h^\mu_\nu=\psi^\mu_\nu-\delta^\mu_\nu\psi/2$を代入し，$\psi^\nu_{\mu,\nu}=0$の条件を課すと，

$$R_{\rho\sigma}=\frac{1}{2}\left(-\frac{\partial^2}{c^2\partial t^2}+\Delta\right)\left(\psi_{\rho\sigma}-\frac{1}{2}\eta_{\rho\sigma}\psi\right)$$

となる。したがって，アインシュタインテンソル

$$G_{\mu\nu}\equiv R_{\mu\nu}-\frac{1}{2}g_{\mu\nu}R$$

を書き下すと式(4.4)が得られる。

[*2] 一般相対論は弱い重力のもと光速に比べて遅い速度をもつ非相対論的物体の運動においては，近似的にニュートン重力が再現される。この近似のことをニュートン近似とよぶ。摂動的にニュートン近似からの補正をつぎつぎととり入れていく手法は相対論的な天体現象を解析的にとり扱ううえでの有力な手法となっており，ポストニュートン近似とよばれ，第11章で議論する。

40 第4章 ニュートン近似と一般相対論の検証

の計量の摂動を無視する近似で

$$ds^2 = -c^2\left(1+\frac{2\Phi}{c^2}\right)dt^2 + \left(1-\frac{2\Phi}{c^2}\right)dx^2 \tag{4.5}$$

となる。

曲がった時空中の物体の運動

一般相対論では曲がった時空によって重力を表す。時空の曲がりは物質の運動や光の伝播の様子を観測することで検出される。(局所的に時空の曲がりが無視できる座標系である)局所慣性系では，重力以外の力がはたらかなければ，物体の運動は等速直線運動になる。このことを数式で表すと，物体の軌跡(時空上の座標を物体の運動に沿って測った時間 τ(固有時間とよぶ)の関数として表したもの)を $x^\mu(\tau)$ とし，4元速度 $\bar{u}^\mu(\tau) \equiv d\bar{x}^\mu(\tau)/d\tau$ が一定と表すことができる(ここで局所慣性系の量にはバーをつけて区別した)。すなわち，物体の運動は

$$\frac{d\bar{u}^\mu(\tau)}{d\tau} = 0 \tag{4.6}$$

という単純な方程式に従う。局所慣性系で書かれた方程式をテンソルの方程式として表すことができれば，その方程式は任意の一般座標系で同じ形をとる。式(4.6)に現れる4元速度 $u^\mu(\tau)$ は反変ベクトルである(偏微分のチェーンルール(第2章の注2を参照)を使えば，2つの異なる座標系での4元速度 $u^\mu(\tau) \equiv dx^\mu(\tau)/d\tau$ と $u'^\mu(\tau) \equiv dx'^\mu(\tau)/d\tau$ の関係が

$$u'^\mu(\tau) = \left(\frac{\partial x'^\mu}{\partial x^\nu}\right)\left(\frac{dx^\nu(\tau)}{d\tau}\right) = \left(\frac{\partial x'^\mu}{\partial x^\nu}\right)u^\nu(\tau)$$

となり，反変ベクトルの変換則に従うことが確かめられる)。つぎに，固有時間に関する微分 $d/d\tau$ をどのように共変微分を用いて表すかが問題である。このために，$u^\mu(x(\tau)) = u^\mu(\tau)$ となる，物体の軌跡に沿って定義されたベクトル場(時空座標を引数にもつベクトル関数)$u^\mu(x)$ を導入する。これを用いれば，

局所慣性系での物体の運動方程式(4.6)は

$$\bar{u}^{\mu}(x)_{,\nu}\,\bar{u}^{\nu}(x)\Big|_{x=x(\tau)}=0$$

と表される。ここまでくれば，カンマで表された普通の微分をセミコロンで表された共変微分におき換えるだけでテンソルの方程式にできる。つまり，一般の座標系における重力以外の力がはたらかない物体の運動方程式は

$$u^{\mu}(x)_{;\nu}\,u^{\nu}(x)\Big|_{x=x(\tau)}=u^{\mu}(x)_{,\nu}\,u^{\nu}(x)+\Gamma^{\mu}_{\nu\rho}u^{\nu}(x)u^{\rho}(x)\Big|_{x=x(\tau)}$$

$$=\frac{\mathrm{d}u^{\mu}(\tau)}{\mathrm{d}\tau}+\Gamma^{\mu}_{\nu\rho}u^{\nu}(\tau)u^{\rho}(\tau)=0 \tag{4.7}$$

で与えられる。この方程式を測地線方程式とよぶ。また，物体の軌跡を表す測地線方程式の解を測地線とよぶ。軌跡のパラメーターであるτを定数倍しても，それに応じて$u^{\mu}\equiv\mathrm{d}x^{\mu}/\mathrm{d}\tau$も変更すれば，式(4.7)は不変である。

測地線方程式は局所慣性系において等速直線運動をすることから導いたので，その速度が光速である光の軌跡に対しても同様に成り立つ。ただし，光の場合には進む方向が$g_{\mu\nu}\mathrm{d}x^{\mu}\mathrm{d}x^{\nu}=0$を満たすので，$g_{\mu\nu}(\mathrm{d}x^{\mu}/\mathrm{d}\tau)(\mathrm{d}x^{\nu}/\mathrm{d}\tau)=-1$となるような固有時間$\tau$を軌跡のパラメーターに選ぶことができない。代わりに，$k^{\mu}=\mathrm{d}x^{\mu}/\mathrm{d}\lambda$が波数ベクトル[*3]となるようにパラメーター$\lambda$を導入する。このパラメーター$\lambda$はアフィンパラメーターとよばれる。式(4.7)において軌跡に沿ったパラメーターを定数倍する自由度があったので，光線に対する測地線方程式は

$$k^{\mu}(x)_{;\nu}\,k^{\nu}(x)\Big|_{x=x(\tau)}=\frac{\mathrm{d}k^{\mu}(\lambda)}{\mathrm{d}\lambda}+\Gamma^{\mu}_{\nu\rho}k^{\nu}(\lambda)k^{\rho}(\lambda)=0 \tag{4.8}$$

となる。このような光の軌跡を表す測地線をヌル測地線とよぶ。

[*3] 波数ベクトルとは波長をλとしたとき，空間成分の長さが$2\pi/\lambda$で伝播方向を向いたベクトルのことである。

42 第4章 ニュートン近似と一般相対論の検証

弱い重力場中の物体の運動

弱い重力場の線素がニュートンポテンシャルΦを用いて式（4.5）で与えられることを見た。この弱い重力場中の物体の運動を考える。Φの1次の範囲で，式（4.4）で与えられるクリストッフェル記号$\Gamma^{\mu}_{\nu\rho}$の0でない成分は，

$$\Gamma^{t}_{ti} = \Gamma^{t}_{it} = \frac{\Phi_{,i}}{c^2}, \qquad \Gamma^{i}_{tt} = \Phi_{,i}, \qquad \Gamma^{i}_{jk} = -\frac{\left(\delta^{i}_{j}\Phi_{,k} + \delta^{i}_{k}\Phi_{,j} - \delta_{jk}\Phi^{,i}\right)}{c^2} \tag{4.9}$$

となる。i, j, kは1〜3までを走る。ここで，運動が光速に比べてゆっくりである場合（$v \ll c$）を考えると，座標時間と物体に沿って運動する観測者の固有時はほとんど一致し，

$$u^{t}(\tau) = \frac{\mathrm{d}x^{t}}{\mathrm{d}\tau} \approx 1, \qquad u^{i}(\tau) = \frac{\mathrm{d}x^{i}}{\mathrm{d}\tau} \approx \frac{\mathrm{d}x^{i}}{\mathrm{d}t} \equiv v^{i}(\tau)$$

となる。式（4.7）において$\mu = i$として空間成分をとり，v/cの高次の項を無視すると，

$$\frac{\mathrm{d}v^{i}(\tau)}{\mathrm{d}t} = -\Gamma^{i}_{tt} = -\Phi_{,i} \tag{4.10}$$

となり，ニュートンポテンシャルΦの中で万有引力の法則に従って運動する物体の運動方程式が得られる。つまり，アインシュタイン方程式は太陽系の重力のように重力が弱い場合にはニュートン重力を再現する。

　重力が時空の曲がりにより引き起こされるにもかかわらず，なぜ，時空の曲率を通常われわれは認識しないのか，疑問ではなかろうか。鍵は式（4.10）に現れたΓ^{i}_{tt}に含まれるΦがh_{tt}に由来する点である。つまり，空間の曲がりh_{ij}に起因する効果のみを考えたのでは，物体はほぼ直進するのである。第2章でも行ったように，曲がった時空を直観的にとらえるためにしばしば（時空ではなく）球面のような曲がった空間を例に説明する。〈図4.1〉に示すように球面上の直線は大円である。つまり，地球の公転のような円運動が時空の曲率ではなく空間の曲率によって引き起こされるためには空間の曲率半径（≈（曲率）$^{-1/2}$ ≈ 球

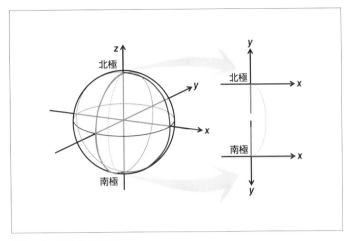

〈図4.1〉 球面上の直進
南極と北極で交わる2つの大円間の相対的な角度はちょうど符号が逆になっている。

の場合には球の半径）が軌道半径r程度でなければならない。いいかえると，曲率半径程度進んで，はじめて運動の向きが$O(1)$の変化を受ける。時空中の運動の場合には，空間方向には軌道半径r程度しか進んでいなくても，時間方向には$c\Delta t \approx cr/v$も進んだことになっている。したがって，（曲率）$\approx h^\mu_\nu/L^2$であったことを思い出し，曲率$\approx 1/($曲率半径$)^2$と$1/(c\Delta t)^2 \approx v^2/c^2 r^2$の間のつり合いの式を立てると，

$$\frac{G_N M}{r^3} \approx \frac{v^2}{r^2}$$

となり，これはまさにケプラー運動する物体の速度を評価する式である。

曲率テンソルの直感的なイメージ

曲率テンソルをベクトルに対する共変微分の順序を入れ替えたときに現れる量

$$A^\mu_{;\nu\rho} - A^\mu_{;\rho\nu} = R^\mu_{\sigma\rho\nu} A^\rho$$

として導入した。一方，この章では，球面を例に出して，空間が曲がっている場合には，ある反変ベクトルを平行移動したときに，移動後のベクトルの向きが平行移動[*4]した経路によって異なるということを見た。このようにベクトルを平行移動したさいに経路に依存するのは空間が曲がっているがゆえに起こる現象である。たとえ，曲がりくねっ

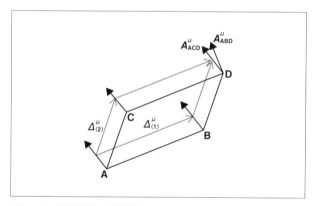

〈図4.2〉 平行移動の経路依存性
曲がった空間上でABDの経路で平行移動したベクトルとACDの経路で平行移動したベクトルは，一般には一致しない。この差を表す量として曲率テンソルは定義できる。

[*4] ベクトル A^μ の平行移動とは $\Gamma^\mu_{\nu\rho} = 0$ の局所慣性系ではその成分が一定ということなので，λ でパラメトライズされた曲線 $x^\mu(\lambda)$ に沿っての平行移動は

$$A^\mu_{;\nu} \frac{dx^\nu}{d\lambda} = 0$$

を満たすように $A^\mu(x(\lambda))$ を決めることを意味する。

た曲線座標を使おうが，もともとの空間がミンコフスキー空間やユークリッド空間のように平坦なものであれば，平行移動は経路によらずに一意に決まる。つまり，ベクトルの平行移動が経路の選び方に依存していることこそが曲率を特徴づける性質である。ゆえに，この平行移動の経路依存性を表す量として曲率テンソルを考えることもできる。

〈図4.2〉に示したように，座標値が無限小だけ異なる点A, B, C, Dを用意する。それぞれ，$\Delta^{\mu}_{(1)}, \Delta^{\mu}_{(2)}$を微小な変位ベクトルとして，

$$x^{\mu}(B) = x^{\mu}(A) + \Delta^{\mu}_{(1)}, \qquad x^{\mu}(C) = x^{\mu}(A) + \Delta^{\mu}_{(2)},$$
$$x^{\mu}(D) = x^{\mu}(A) + \Delta^{\mu}_{(1)} + \Delta^{\mu}_{(2)}$$

のように選ぶ。4つの点が1つの平面上に乗っかっている状況である。AB，BD，AC，CDのそれぞれの区間で2点間はこの座標で見て直線で結ばれているものとしよう。このような状況でベクトルA^{μ}をABDという経路で移動したものをA^{μ}_{ABD}，ACDという経路で移動したものをA^{μ}_{ACD}とすると，その差は

$$A^{\mu}_{\text{ABD}} - A^{\mu}_{\text{ACD}} = R^{\mu}_{\ \sigma\mu\nu}\Delta^{\sigma}_{(2)}\Delta^{\sigma}_{(1)}$$

と表される。

■ アインシュタインの3つのテスト

アインシュタインは一般相対論の正否を判定する3つの実験的検証を提案した。それらは重力赤方偏移，光線の曲がり，水星の近日点移動である。

■ 重力赤方偏移

まず重力赤方偏移だが，重力ポテンシャルの深いところから浅いところに向かう光は重力ポテンシャルを登るためにエネルギーを失い，波長が長くなる（光のエネルギーは光の波長に反比例する）。このことを重力赤方偏移という。ここで，やや数学的だが非常に有用であるので，キリングベクトルについて解説しておく。計量テンソル$g_{\mu\nu}$が適当な時間座標において時間座標tに依存しな

46   第4章　ニュートン近似と一般相対論の検証

い場合を静的な時空とよぶ。このとき，この時間座標tを用いて$\xi^\mu \equiv \partial x^\mu / \partial t$で
キリングベクトルは定義される（tが空間座標の場合でも，計量テンソルがtに
依存しなければ$\xi^\mu \equiv \partial x^\mu / \partial t$をキリングベクトルとよぶ）。系のもつ時間に依
存しないという対称性の方向をキリングベクトルは表す。少し難しく書いた
が，いまの座標成分で書くと$\xi^\mu \equiv (1, 0, 0, 0)$である。キリングベクトルの共
変微分は

$$
\begin{aligned}
\xi_{\mu;\nu} &= g_{\mu\rho}\xi^\rho_{;\nu} = g_{\mu\rho}\left(\xi^\rho_{,\nu} + \Gamma^\rho_{\nu\sigma}\xi^\sigma\right) = \Gamma_{\mu\nu t} \\
&= \frac{1}{2}\left(g_{\mu\nu,t} + g_{\mu t,\nu} - g_{\nu t,\mu}\right) = \frac{1}{2}\left(g_{\mu t,\nu} - g_{\nu t,\mu}\right)
\end{aligned}
$$

のように計算できる。3つ目の等号ではξ^ρが定ベクトルであることを，最後の
等号では$g_{\mu\nu}$がtに依存しないことを用いた。上式からただちに

$$
\xi_{\mu;\nu} = -\xi_{\nu;\mu}
$$

すなわち

$$
\xi_{\mu;\nu} + \xi_{\nu;\mu} = 0 \qquad （キリング方程式） \tag{4.11}
$$

を満たすことがわかる。測地線方程式を満たす4元波数ベクトルk^μとキリング
ベクトルを縮約した$\xi_\mu k^\mu$という量を考える。この量の測地線に沿う方向の微
分は

$$
\frac{\mathrm{d}}{\mathrm{d}\lambda}\left(\xi_\mu k^\mu\right) = \xi_{\mu;\nu}k^\nu k^\mu + \xi_\mu k^\mu_{;\nu}k^\nu = 0
$$

となる。ここで中辺第1項は$\xi_{\mu;\nu}k^\nu k^\mu = (\xi_{\mu;\nu} + \xi_{\nu;\mu})k^\nu k^\mu / 2$と変形し式（4.11）を
用いて，第2項は測地線方程式（4.8）を用いて，それぞれ0となる。以上より
$\xi_\mu k^\mu = \xi^\mu k_\mu = k_t$，すなわち4元波数ベクトルの共変$t$成分が測地線に沿って一
定であることがわかる。

　以上の事実を用いて重力赤方偏移を説明する。まず，2人の静止した観測者
を導入する。重力ポテンシャルの深い側の観測者1から浅い側の観測者2へ光
を飛ばす。観測者1，2の空間座標をそれぞれ$x^i_{(1)}$，$x^i_{(2)}$と表す。これらの観測

者が観測する光の振動数fは，これらの観測者が静止して見える局所慣性系では$\bar{k}^{\hat{t}}/2\pi$である。この量は$-\bar{k}^{\hat{\mu}}\bar{u}_{\hat{\mu}}/2\pi$とスカラー量で書くことができる。このように書くと，座標によらないので$-k_\mu u^\mu/2\pi$を評価すればよい。これらの観測者が静止していることから，おのおのの4元速度$u^\mu_{(1)}$，$u^\mu_{(2)}$はt方向を向いており，キリングベクトルの方向に一致する。すなわち，$u^\mu_{(A)}=\alpha_A\xi^\mu\,(A=1,2)$と書ける。4元速度の規格化条件

$$g_{\mu\nu}\left(x^i_{(A)}\right)u^\mu_{(A)}u^\nu_{(A)}=-1$$

より，

$$\alpha_A=\frac{1}{\sqrt{-g_{tt}\left(x^i_{(A)}\right)}}$$

である。以上より，観測者1，2が観測するそれぞれの振動数f_1，f_2は

$$f_A=-\frac{k_\mu u^\mu_{(A)}}{2\pi}=-\frac{\alpha_A k_\mu \xi^\mu}{2\pi}=-\frac{\alpha_A k_t}{2\pi}$$

と得られ，

$$\alpha_A=\frac{1}{\sqrt{-g_{tt}\left(x^i_{(A)}\right)}}\approx 1-\frac{\Phi_{(A)}}{c^2}$$

に比例することがわかる。つまり，この節のはじめに予想したとおり，重力ポテンシャルの深い側の観測者1の観測する振動数f_1は，浅い側の観測者2の観測する振動数f_2より大きい。

　重力赤方偏移はアインシュタインが提案した一般相対論3つの検証実験のうちで最後に確認された。しかし，その予言は1907年に[1]すでになされており，もっとも古い。1915年のアインシュタイン方程式の提案以前に予言されていることからもわかるように，重力赤方偏移は一般相対論に特化した現象ではなく，一般に曲がった時空によって重力を表現する理論であれば期待される効果である。重力エネルギー分の光子のもつエネルギーの変化を最初に観測した実験は1960年のパウンド（R. V. Pound）とレブカ（G. A. Rebka）による実験[2]であ

48 第4章 ニュートン近似と一般相対論の検証

る。この実験はわずか22.5 mの高さの差で生じる重力赤方偏移を測るというものである。そのためには非常に線幅の細いスペクトルをもった光子を放射吸収するプロセスが必要である。パウンドとレブカは鉄の安定同位体^{57}Feの原子核の励起状態から基底状態への遷移によって放出される14.4 keVのガンマ線を同じく^{57}Feによる共鳴吸収を用いて振動数のシフトを測るという方法を用いた。当時発見されたばかりのメスバウアー効果[*5]を用いることで，10^{-12}のレベルの相対的な線幅を得た。それでも，22.5 mの高さによって生じる赤方偏移に比べると線幅は1000倍程度も大きい。下方で放出された光子を上方で共鳴吸収するという状況を考える。光子は上方で吸収されるさいには赤方偏移のため振動数がずれて，わずかに共鳴吸収率が下がる。ドップラー効果による振動数の変化が重力赤方偏移と同程度になるように共鳴体を振動させ，振動の異なるフェーズでのカウントの差を観測する。ここから重力赤方偏移を測ることで誤差を減らし，10%の精度で重力赤方偏移を検出することに成功した。

■ 光の曲がり

つぎに太陽近傍を通過する光の曲がりであるが，これを計算するには式(4.8)と式(4.9)を用いる。〈図4.3〉の点線のように直進したとすると太陽中心から距離bまで近づく光線を考える。実際には曲線のように光線は曲がる。曲がり角は微小であるので，式(4.8)の右辺を評価するさいには光線を$k^{\mu} \approx (k/c, k, 0, 0)$の直線で近似する。このとき光線の経路もアフィンパラメーターを用いて$x(\lambda) \approx k\lambda$と近似できる。すると，式(4.8)の$y$成分は

$$\frac{\mathrm{d}k^{y}(x)}{\mathrm{d}x} = \frac{\mathrm{d}k^{y}(\lambda)}{k\,\mathrm{d}\lambda} = -\left(\Gamma^{y}_{tt} + \Gamma^{y}_{xx}\right)k = -2k\frac{\Phi_{y}}{c^{2}} \tag{4.12}$$

となる。太陽中心からの距離をrとして，太陽の外側でのニュートンポテンシャルは$\Phi = -G_{N}M_{\odot}/r$で与えられる。これを代入して，式(4.12)を積分すると

[*5] メスバウアー効果とは，結晶中の原子核か光子を吸収・放出するさいに，ある割合で，その反跳が結晶全体に対して起こる現象である。原子核が反跳を受けてしまうと大きな運動量が原子核に渡されることになり，吸収・放出される光子のエネルギーが大きな幅をもってしまうが，結晶全体で反跳を受け止めた場合には，運動量は限りなくゼロに近く，エネルギーの幅が非常に狭くなる。

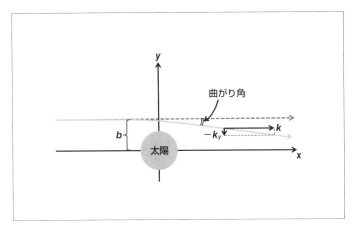

〈図4.3〉 太陽の近傍を通過する光の曲がり
太陽中心からbだけ離れて近傍をx方向に通過する光の波数ベクトルの変化を調べる。x-y面が太陽中心と光線を含むように選び，本文中に示したように波数のy方向成分の変化を調べることで，光の曲がり角が得られる。

$$k^y(+\infty)-k^y(-\infty)=-\frac{2k}{c^2}\int_{-\infty}^{\infty}dx\,\Phi_{,y}\bigg|_{y=b,z=0}=-\frac{2G_N M_\odot k}{c^2}\int_{-\infty}^{\infty}\frac{b\,dx}{(x^2+b^2)^{3/2}}$$
$$=-\frac{4G_N M_\odot k}{c^2 b}$$

を得る[*6]。したがって，光線の曲がり角は

$$\left|\frac{k^y(+\infty)-k^y(-\infty)}{k}\right|=\frac{4G_N M_\odot}{c^2 b}$$

で与えられる。$G_N M_\odot/c^2 \sim 1.48$ km，および，bとして太陽半径$r_\odot \sim 6.96\times 10^5$ kmを代入すると，太陽表面をかすめてくる星の光は1.75秒角曲がると結

[*6] 最後の積分計算は，ていねいに書くと$x=b/\sqrt{q}$と変数変換して
$$\int_{-\infty}^{\infty}\frac{b\,dx}{(x^2+b^2)^{3/2}}=2\int_{0}^{\infty}\frac{b\,dx}{(x^2+b^2)^{3/2}}=\frac{1}{b}\int_{0}^{\infty}\frac{dq}{(q+1)^{3/2}}=\frac{2}{b}\left[-\frac{1}{\sqrt{s+1}}\right]_{0}^{\infty}=\frac{2}{b}$$

論される。ゆっくり運動する物体の運動方程式（4.10）には存在しないΓ^y_{xx}の寄与が式（4.12）には現れる。ニュートンの万有引力の法則ではすべての物体の運動は式（4.10）に従うと考えていたが、一般相対論においては式（4.10）はゆっくり動く物体に限られた近似にすぎない。光速に近い運動を考えると、Γ^y_{xx}の寄与が無視できなくなることを式（4.12）は示している。元をたどると、このΓ^y_{xx}は計量の空間成分からの寄与であり、空間の曲がりが光線の曲がりに寄与していることを表す。Γ^y_{xx}の寄与を無視した場合に比べると曲がり角は2倍になることから、「一般相対論ではニュートン重力に対して2倍の光の曲がり角を予言する」といわれる。

　この光線の曲がり角の最初の観測として、エディントン（A. Eddington）とクロメリン（A. Crommelin）[3]の率いるそれぞれの隊が、1919年の皆既日食のさいに太陽近傍をかすめる背景の星の方向がずれることを確認したという話は有名である。

　光線の曲がり角の観測精度の飛躍的な向上は、クェーサーとよばれる星のように点状の天体として観測される遠方の明るい天体の発見によってもたらされた。クェーサーは電波を出すので、干渉計の技術を用いてその天球上の位置を精度よく決定できる。加えて、電波での観測は太陽が見えていても可能であるため、日食というまれな機会を待つ必要がない。さらに、天球上の位置決定精度が高いので、必ずしも太陽の近くをかすめる天体でなくてよい。むしろ、太陽の近くを通る光線は太陽コロナの影響による回折の効果が予測できず系統誤差が大きい。1970年代に観測が始まった当初は1%の観測精度であったが、現在では相対論からのずれは10^{-4}程度に制限されつつある[4]。

■ 近日点移動

3つ目の近日点移動は、惑星が太陽にもっとも近づくときの方向が変化する現象である。その一般相対論による補正の導出は、式（4.5）の弱い重力の近似の範囲を超えているので、後の章に回す。19世紀にはすでに水星の近日点移動がニュートン重力での計算と合わないことが問題となっていた。球対称な中心星に1つの惑星が公転する理想的な系を考えると、ニュートン重力では近日点移動は起こらない。しかし、多数の惑星などが存在する多体問題や太陽の扁平度などを考慮すると、ニュートン重力の範囲であっても近日点移動は起こる。

これらの効果が引き起こす水星の近日点移動の大きさは計算可能であり、それらをすべて差し引いた後に43秒角/100年という観測と計算の間にずれが残った。そのため、バルカンとよばれる仮想の惑星を水星軌道の内側においてみるようなモデルなども提案されたが、一般相対論はこの観測との不整合を何のパラメーターも必要とせずにみごとに解決した[5]。

まとめ

この章では具体的にアインシュタイン方程式を弱い重力場の近似で解くことで、ニュートン重力が再現されることを確認した。アインシュタインは一般相対論のテストとして3つの検証実験を提案したが、重力赤方偏移と光の曲がりに関しては、弱い重力の近似で議論することができた。また、これらの3つの検証実験に対して、一般相対論はみごとに今日まで耐えてきている。

参考文献

1) A. Einstein: *Relativitätsprinzip und die aus demselben gezogenen Folgerungen*, Jahrbuch der Radioaktivität **4**(1907)411.

2) R. V. Pound, G. A. Rebka Jr: *Apparent weight of photons*, Phys. Rev. Lett. **4**(1960)337, doi: 10.1103/PhysRevLett. 4. 337

3) F. W. Dyson, A. S. Eddington, C. R. Davidson: Philos. Trans. R. Soc. London, Ser. A, **220** (1920)291〔https://www.ncbi.nlm.nih.gov/pmc/articles/PMC4360090/Physics Today **62** (3)(2009)37, doi:10.1063/1.3099578〕

4) 一般相対論のテストについては以下の文献に詳しい。C. M. Will: *The Confrontation between General Relativity and Experiment*, Living Rev. Rel. **17**(2014)4, doi:10.12942/lrr-2014-4

5) 一般相対論にもとづく近日点移動の計算は、A. Einstein: *Erklärung der Perihelbewegung des Merkur aus der allgemeinen Relativitätstheorie*, Sitzungsberichte der Käniglich Preußischen Akademie der Wissenschaften(Berlin), Seite (1915)831-839.

第 5 章

一般相対論にもとづく宇宙像

前の章で，われわれは一般相対論により太陽系の重力がよく説明されることを理解した。弱い重力の近似において，一般相対論はたんにニュートン重力の再現にとどまらず，光の曲がり角や水星の近日点移動に関して，ニュートン重力と異なる予言を与え，観測によってその優位性を確立した。しかしながら，これらの議論はミンコフスキー時空からの微小摂動に終始している。その範囲で一般相対論と同じ予言を与える理論はほかにも存在するだろう。それでもなお，その理論の簡潔さゆえに一般相対論は特別である。加えて一般相対論を支持する理由の1つとして一般相対論的宇宙モデルの構成の成功について述べたい。この章では，一般相対論にもとづく標準宇宙モデルについて解説する。

■ 遠くを見ることは過去を見ること

「宇宙の果てがどうなっているのか」という問いは，宇宙論の根源的な問いの1つである。この問いに対する答えを宇宙論研究者はもっているが，おそらく，その答えは皆さんが満足する答えとは異なる。

　第1章で光速度不変の原理を紹介した。この原理から導かれた特殊相対論は，たんに光の速さが有限であるだけでなく，光速がすべての運動の限界速度を与えると論じた。すなわち，光速の壁を超えて情報を伝達する手段はこの世に存在しないと主張する。〈図5.1〉に示したように時空図の中では観測者に情報が到達できる領域は円錐状に広がっている。この光速の壁を示す円錐を光円錐という。このように観測可能領域が限られる以上，われわれにとっての宇宙の果てはまさにこの光円錐にほかならない。われわれが望遠鏡で観測する光は，この光円錐上で発せられたものであり，われわれの見ている天体こそがすなわち

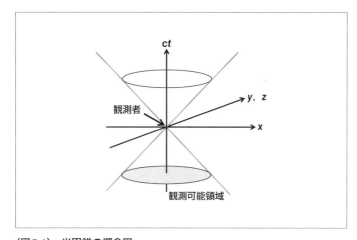

〈図5.1〉 光円錐の概念図
観測者にとって観測可能な領域は光円錐の内部に限られる。

宇宙の果てであるということになる。相対論が正しいならば，この光円錐の外側を観測できないという事実は受け入れざるを得ない。

　光速度が有限であることを念頭におくと，遠くの宇宙の観測は必然的に過去の宇宙の観測となる。ここに，「宇宙の始まりはどうであったのか」というもう1つの宇宙論の根源的な問いがある。ここからの議論はむしろこちらの問いに関するものである。都合のよいことに宇宙の過去を観測しようと思えば，遠くの宇宙を見ればよいということになる。

一様等方宇宙モデル

過去の宇宙を調べるためには，遠くの宇宙を見ればよいということだが，観測可能な情報はほぼ光速で伝わってくるので，たとえば，直接われわれの太陽系の過去の姿を観測することは実際上不可能である。そこで，観測から宇宙モデルを構築するうえで，われわれは1つの大きな仮定を採用する。それは，宇宙には大小の構造があるが，そのような構造を平均化すれば，「宇宙はいたるところ同じように見えるはずだ」というものである。われわれの住む太陽系が宇宙の中で特別な場所でないという仮定（コペルニクス原理）もこの仮定の中に含まれる。この仮定から，大小の構造を無視する範囲では，3次元空間は一様で，

かつ，特別な方向も存在しないもっとも簡単な宇宙モデル（一様等方宇宙モデル）を採用する。

　一般相対論における一様等方宇宙モデルの議論を進める前に，ニュートン重力における一様等方宇宙モデルを考察してみることは，一般相対論との比較で興味深い。一様な物質分布を考えたとき，どの点に着目しても物質分布は等方的であり，特別な方向は存在しない。したがって，どちらの方向にも力がはたらかないことになる。すると，一様に物質が分布している宇宙は，おたがいが引き合う力が相殺して力がはたらかないため，定常に保たれるという理屈になる。一方で，ニュートン重力は，球対称な星の中心から半径 r の位置における重力加速度を，半径 r より内側の質量を M として $a = -G_N M/r^2$ と与える。一様な密度分布を考えると，半径 r の球に含まれる質量は $M \propto r^3$ なので，加速度は r に比例して増大する。このように考えると力は遠方で発散してしまうという結論に至る。無限に広がる系を考えるさいに，周期境界条件を課して最後に周期無限大の極限をとるトリックがしばしば用いられる。ここで，x 方向に周期 L_x の周期境界条件とは，長さ L_x のリボンの端と端をつなぎ合わせたときのように，x と $x + L_x$ の点を同一視することを意味する。すべての方向に対して同様に周期境界条件を課すと空間は3次元トーラスになる。このような状況設定で，ニュートンポテンシャル Φ を決定するポアソン方程式

$$\Delta \Phi = 4\pi G_N \rho$$

を考える。この両辺を3次元トーラスの体積 V にわたって積分すると左辺は

$$\int_V \mathrm{d}^3 x\, \Delta\Phi = \int \mathrm{d}y\,\mathrm{d}z \left[\partial_x \Phi\right]_0^{L_x} + \int \mathrm{d}x\,\mathrm{d}z \left[\partial_y \Phi\right]_0^{L_y} + \int \mathrm{d}x\,\mathrm{d}y \left[\partial_z \Phi\right]_0^{L_z}$$

となり，同一視のために

$$\left[\partial_x \Phi\right]_0^{L_x} = \left[\partial_y \Phi\right]_0^{L_y} = \left[\partial_z \Phi\right]_0^{L_z} = 0$$

であるので0である。一方，右辺の積分は $\rho > 0$ である限り0とはなり得ない。よって，周期境界条件のトリックはいまの問題には役に立たない。

　以上のように，ニュートン重力においては一様等方宇宙モデルをどう扱うべきかすら怪しいが，このような困難を一般相対論はやはり解決してくれる。一

56　第5章　一般相対論にもとづく宇宙像

般相対論において重力は時空の曲がりによって記述された。また，曲がった時空を表現するには線素を用いた。一様等方宇宙モデルを表す線素は

$$ds^2 = g_{\mu\nu}dx^\mu dx^\nu = -c^2 dt^2 + a(t)^2 \gamma_{ij}dx^i dx^j \tag{5.1}$$

で与えられる[1]。ここで，$\gamma_{ij}dx^i dx^j$は3次元一様等方空間の線素である。3次元の一様等方空間には，平面，球面に加えて，双曲面がある。それらはまとめて，

$$\gamma_{ij}dx^i dx^j = \frac{dr^2}{1-Kr^2} + r^2\left(d\theta^2 + \sin^2\theta\, d\varphi^2\right) \tag{5.2}$$

と表せて，平面，球面，双曲面の場合にそれぞれ$K=0$, $K>0$, $K<0$である[*1]。球面や双曲面の場合に$|K|=1$と規格化しても$a(t)$のスケーリングに吸収できるので，式（5.1）の一般性は失われない。式（5.1）に現れた時間の関数$a(t)$はスケールファクターとよばれる。dt^2の係数g_{tt}は一様性から空間座標には依存することができない。すなわち，式（5.1）における計量$g_{\mu\nu}$の時間-時間成分であるg_{tt}は時間のみの関数となるが，時間変数tを適切に選ぶことで$g_{tt}=-c^2$とできる。計量の時間-空間成分が$g_{ti}=0$となる理由は，もしそうでなければ，g_{ti}は3次元空間に対してはベクトルであるので，特別な方向が存在することになり，等方性の仮定に反するからである。

　一様等方宇宙モデルにおける物質の平均的な運動は，やはり，等方性からx^i＝一定の世界線に沿うものとなる。なぜなら，そうでないなら，特別な方向が

---

*1　平面の線素は単純に直角座標を用いて$dx^2 + dy^2 + dz^2$である。座標を$x = r\sin\theta\cos\varphi$, $y = r\sin\theta\sin\varphi$, $z = r\cos\theta$とおき換えれば，式（5.2）に至る。球面に関しては第2章に3次元の平坦な空間中の2次元球面を議論した。3次元球面の場合には，4次元の平坦な空間中の3次元球面を考えれば同様である。4次元の平坦な空間の座標を$|x, y, z, w|$とすると，半径$\sqrt{K^{-1}}$の球面は$x = r\sin\theta\cos\varphi$, $y = r\sin\theta\sin\varphi$, $z = r\cos\theta$, $w = \sqrt{K^{-1}-r^2}$のようにパラメトライズできる。ここから，容易に式（5.2）が再現できる。双曲面もほぼ同様であるが，4次元の平坦な空間の代わりに4次元のミンコフスキー時空を考える。4次元のミンコフスキー時空の座標を$|ct, x, y, z|$として，原点からの固有時$\sqrt{(ct)^2 - (x^2+y^2+z^2)}$が$\sqrt{-K^{-1}}$となる3次元面（〈図5.2〉を参照）をパラメトライズすることを考えるとx, y, zに関しては平面や球面の場合と同じ，tに関しては$ct = \sqrt{r^2 - K^{-1}}$と選べばよいことがわかる。

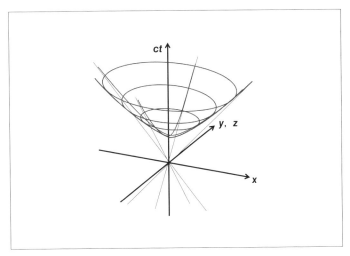

〈図5.2〉 双曲面の概念図
3次元の双曲面は4次元のミンコフスキー時空の中に埋め込むことができる。

存在することになるからである。平均的な物質の運動に沿う座標という意味で式 (5.1) に現れる空間座標 x^i は共動座標とよばれる。アインシュタイン方程式を考えるうえで物質に関して必要な情報はエネルギー運動量テンソルであった。そのエネルギー運動量テンソルの形も一様等方性から，第3章に登場した完全流体形 $T^{\mu\nu} = (\varepsilon + P)u^\mu u^\nu + Pg^{\mu\nu}$ に限られる。ここで，u^μ は物質の平均的な運動の4元速度で，座標成分で書くと $(c^{-1}, 0, 0, 0)$ である。ほかの成分があると，特別な方向が現れ，等方性の仮定に反することは計量に対する議論と同じである。また，エネルギー密度 ε や圧力 P は一様性から時間 t のみの関数である。

式 (5.1) に現れる決定されるべき未知関数はスケールファクター $a(t)$ のみである。この $a(t)$ を決定する方程式はアインシュタイン方程式から

$$H^2 \equiv \left(\frac{\dot{a}}{a}\right)^2 = \frac{8\pi G_\mathrm{N} \varepsilon}{3c^2} - \frac{Kc^2}{a^2} \tag{5.3}$$

となり，フリードマン方程式[1]とよばれる[*2]。ここで $\dot{a} \equiv da/dt$ である。この方程式の左辺の $H \equiv \dot{a}/a$ はスケールファクターの変化率である。$x^i = $ 一定の軌

58   第5章   一般相対論にもとづく宇宙像

跡に沿って共動的に運動する2体を考える。2体間の共動座標の差をlとすると，時刻$t=$一定面に沿って測った物理的な2体間の距離は$l_{\mathrm{phys}}=a(t)l$である。この距離の変化率，すなわち，たがいが遠ざかる（あるいは，近づく）速度は

$$v = \frac{\mathrm{d}l_{\mathrm{phys}}}{\mathrm{d}t} = \dot{a}(t)l = H(t)l_{\mathrm{phys}}$$

であり，距離l_{phys}に比例する。つまり，遠くのものは速く，近くのものはゆっくりと遠ざかる（あるいは，近づく）。このことは模様として点が打たれた風船を膨らませる状況にしばしばたとえられる〈図5.3〉。宇宙年齢（～140億年）に比べて十分に短い時間を考えれば，$H \approx H_0 \equiv H(t_0)$は定数と見なすことが

---

*2   式(5.1)の仮定で，0でないクリストッフェル記号の成分は

$$\Gamma^{t}_{ij} = \frac{a^2}{c^2}H\gamma_{ij}, \qquad \Gamma^{i}_{jt} = H\delta^{i}_{j}$$

とΓ^{i}_{jk}のみである。これをリッチテンソルの定義式（第4章を参照）

$$R_{\rho\sigma} = \Gamma^{\mu}_{\sigma\rho,\mu} - \Gamma^{\mu}_{\sigma\mu,\rho} + \Gamma^{\mu}_{\xi\mu}\Gamma^{\xi}_{\sigma\rho} - \Gamma^{\mu}_{\xi\rho}\Gamma^{\xi}_{\sigma\mu}$$

に代入すると

$$R_{tt} = -\Gamma^{j}_{tj,t} - \Gamma^{k}_{jt}\Gamma^{j}_{kt} = -3\dot{H} - 3H^2, \qquad R = -\frac{R_{tt}}{c^2} + \frac{R^{(3)}}{a^2} + \frac{3\dot{H}}{c^2} + \frac{9H^2}{c^2}$$

となる。ここで，$R^{(3)}$は3次元計量γ_{jk}に対するスカラー曲率である。d次元一様等方空間の曲率テンソルは添字の入れ替えに対する対称性から，Aを定数として

$$R_{ijkl} = A\left(\gamma_{ik}\gamma_{jl} - \gamma_{il}\gamma_{jk}\right)$$

以外にない。これを順に縮約すると

$$R_{ik} = (d-1)A\gamma_{ik}, \qquad R = d(d-1)A$$

となる。少々長くなるので省略するが，具体的な計算から，式(5.2)をd次元に拡張した計量

$$\gamma_{ij}\mathrm{d}x^i\mathrm{d}x^j = \frac{\mathrm{d}r^2}{1-Kr^2} + r^2\mathrm{d}\Omega^2_{(d-1)}$$

に対して，$A=K$が確かめられる。これより，

$$G_{tt} = R_{tt} + \frac{c^2R}{2} = 3H^2 + \frac{c^2R^{(3)}}{2a^2} = 3\left(H^2 + \frac{Kc^2}{a^2}\right)$$

となる。上式を用いて，アインシュタイン方程式のtt成分を書き下すとフリードマン方程式が導出される。

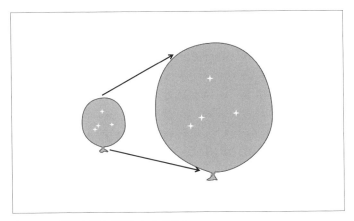

〈図5.3〉 膨張宇宙を風船にたとえると
風船が膨らむと，風船の上に描かれた星の距離は変化するが，遠くの星のほうが距離の変化は大きい。

でき，

$$v = H_0 l_\text{phys} \quad (\text{ハッブルの法則})$$

と近似できる。この時間の逆数の次元をもつ定数H_0をハッブル定数とよぶ。当初，われわれから遠ざかる物体として銀河が観測対象として用いられた。太陽系が属する天の川銀河は$50\,\text{kpc}$[*3]程度の広がりをもっており，普通に見える星はこの天の川銀河に含まれている。それらの星は天の川銀河の重力ポテンシャルに束縛されており，宇宙の膨張とともにたがいの間隔が広がっていくわけではない。しかし，そのような星の集団である銀河は，われわれの天の川銀河以外にも大小多数存在しており，広がりをもった天体として観測される。銀河間の平均的な距離は（どの程度の大きさのものまでを数えるかによるが）およそ$1\,\text{Mpc}$程度である。遠方の銀河同士は重力的に束縛されておらず，平均的には共動座標に沿って運動する。この銀河がどれだけの速度で離れつつあるかは，銀河からやってくる光の輝線や吸収線の赤方偏移を測ることで見積もることができる。一方で，銀河までの距離を求めることは容易ではない。年周視差

[*3] $1\,\text{Mpc} = 10^6\,\text{pc}$，$1\,\text{kpc} = 10^3\,\text{pc}$，$1\,\text{pc} \sim 3\times 10^{16}\,\text{m}$。

60 第5章 一般相対論にもとづく宇宙像

によって距離を求めることができる星は，ごく近傍の星に限られる。それを頼りに明るさの変化のパターンと明るさの間の関係が見つかっている変光星などを用いて，より遠方の天体までの距離を推定する。本来の明るさがわかれば，距離の2乗に反比例して暗くなるので，明るさから距離を推定することができる。このように何段階かのステップを経て遠方の銀河の距離は推定されるために，当初求められたハッブル定数の値は現在の推定値の約7倍の値であった。その後の観測の進展により，現在では$H_0 \approx 70 \text{ km s}^{-1} \text{ Mpc}^{-1}$とされている。

　式(5.3)は，空間曲率の寄与を無視すれば，（宇宙の膨張率）$^2 \propto$（物質のエネルギー密度）という簡単な式である。この方程式には計量の成分であるaの2階微分が現れない。一般にアインシュタイン方程式$G_{\mu\nu} = 8\pi G_{\mathrm{N}} T_{\mu\nu}/c^4$において，$\nu = t$となる4成分は時間の2階微分を含まない。このことは第3章で説明したビアンキの恒等式から理解できる。縮約されたビアンキの恒等式は

$$G^{\mu\nu}_{;\nu} = G^{\mu t}_{,t} + G^{\mu j}_{,j} + \Gamma^{\mu}_{\rho\nu} G^{\rho\nu} + \Gamma^{\nu}_{\rho\nu} G^{\mu\rho} = 0 \tag{5.4}$$

であるが，このように具体的に書き下すと，$G^{\mu t}_{,t}$がほかの右辺の3つの項の和（にマイナス符号をつけたもの）と恒等的に等しいため，たかだか時間の2階微分しか含まないことが要請される。$G^{\mu t}$の1階時間微分である$G^{\mu t}_{,t}$がたかだか時間の2階微分しか含まないのだから，$G^{\mu t}$にはたかだか時間の1階微分しか含まない。一様等方時空に対するアインシュタイン方程式で自明でない成分はtt成分とγ_{jk}に比例する空間成分である。しかし，いまの場合に式(5.4)で$\mu = t$としたものは，$G^{jt} = 0$から，

$$G^{tt}_{,t} + 3HG^{tt} + \frac{a^2}{c^2} H\gamma_{jk} G^{jk} = 0 \tag{5.5}$$

となる（注2参照）。エネルギー運動量テンソルの保存則$T^{\mu\nu}_{;\nu} = 0$も式(5.4)と同じ形をしている。$T^{tt} = \varepsilon$，$T^{jk} = a^{-2}P\gamma^{jk}$であることから，式(5.5)に対応する式は$\dot{\varepsilon} = -3H(\varepsilon + P)$となる。この式の右辺の$-3H\varepsilon$は宇宙膨張によりエネルギー密度が薄まる効果，$-3HP$は圧力による仕事の分だけエネルギーが失われる効果を表す。以上から，アインシュタイン方程式のγ_{jk}に比例する空間成分は，tt成分であるフリードマン方程式を微分したものにすぎない。すなわ

一様等方宇宙モデル　　61

ち，フリードマン方程式が満たされれば，もう一方の方程式は自動的に成立するので，フリードマン方程式だけで十分ということになる。

ハッブル定数の変遷

　ハッブル定数というのは，あまり定数らしくない定数である。そもそも，定義からして$\dot{a}/a$の現在での値である。現在といっても，時間は刻一刻と経過しているわけであるから，いったい，いつのことを指しているのかを本当は決めないといけない。そうはいっても，宇宙誕生からの経過時間（宇宙年齢）はハッブル定数の観測などを頼りに宇宙モデルに依存した計算で決めているので，何を指定しているのかあいまいである。1つの可能性はマイクロ波宇宙背景放射（後述）の絶対温度が何度のときの$\dot{a}/a$の値であると定義するやり方が考えられるかもしれない。実際問題は，ハッブル定数はいまだ数パーセントの精度でしか決定されていないので，宇宙年齢に対する人類の歴史の長さは完全に誤差として無視することができる。そういうことでハッブル定数の定義に現れる「現在の」という修飾語に疑念を抱く余地はない。

　しかしながら，ハッブル定数の値自体は歴史的には大きく変化してきた。ハッブルが最初にこの法則を提唱したときの値は$500 \mathrm{~km~s}^{-1}$ Mpc^{-1}程度であった。その後の観測が進展して，私が大学院に入学した頃には2つの学派がそれぞれに大きく異なる値を主張していた。一方は$50 \mathrm{~km~s}^{-1} \mathrm{Mpc}^{-1}$を主張し，他方は$100 \mathrm{~km~s}^{-1} \mathrm{Mpc}^{-1}$を主張するという状況であった。私は大学4年生のときに，ランダウ-リフシッツの『場の古典論』という古典的な一般相対論の教科書を輪講で勉強した。われわれにとっては一般相対論のバイブルだったのだが，その教科書にはとくに根拠は示されていないがハッブル定数の値は$75 \mathrm{~km}$ $\mathrm{s}^{-1} \mathrm{Mpc}^{-1}$と書かれていた。その当時は，そこに書かれている数値にどれほどの意味があるのかよくわからずに読んでいたので，気にもとめていなかったが，後になってそのことに気づき，『場の古典論』は

62 第5章 一般相対論にもとづく宇宙像

本当にバイブル（＝預言書）なのかと驚かされた。

　現在では，その値はよく決まっているが，決める手法の違いで10%近い差が生じている（たとえば，Astrophys. J. **826**（2016）56のFig.13）。ひと昔前なら，10%程度の差は観測誤差だとして済ませていたところだが，近年の観測の進展で，観測誤差よりも決定手法による差のほうが大きいのではないかと徐々に騒がしくなってきている。手法によって差が生じるということだが，小さめのハッブル定数の値を出す手法の1つは必ずしも現在の宇宙の膨張率を直接に測っているというわけではない。もっと昔の宇宙の膨張率や，その他の宇宙モデルを決めているパラメーターを観測的に決定して，そこから標準的な宇宙モデルを仮定して，現在の膨張率であるハッブル定数に焼き直すという決め方をしている。したがって，われわれが考えている標準的な宇宙モデルの矛盾を示しているのかもしれないということで，近年，注目されている。

■ ビッグバン

コペルニクス原理のもと，観測から現在の宇宙は膨張していることが明らかになった。そのような宇宙を過去へとさかのぼるとどうなるであろうか。時間軸の向きを逆にすると，膨張宇宙は収縮宇宙になる。収縮とともに物質間の平均間隔は短くなり，宇宙の密度が高くなる。ここで，密度には2つの意味合いがある。われわれがよく知っている物質は原子核や電子から構成されている。原子核を構成している陽子や中性子はバリオンとよばれるが，われわれの知る限りではバリオン数が変化する物理過程は存在しない。したがって，共動座標における単位体積あたりのバリオン数，すなわち，バリオン数密度は時間変化しないと考える。宇宙を過去にさかのぼると，共動座標における単位体積の物理的体積は$a^3(t)$に比例して小さくなるので，バリオン数密度は$\propto 1/a^3(t)$で上昇する。

　もう1つの意味での密度の上昇は，エネルギー密度の上昇を指す。このこと

を理解するために，膨張宇宙を伝播する粒子のもつエネルギーの変化について
調べる。ここでは粒子間の散乱や反応は考えない。現在の宇宙において，バリ
オンや電子の運動は光速に比べて十分に遅い。そのような粒子のもつエネル
ギーは静止質量をmとしてmc^2で近似できる。そのような物質は，しばしばダス
トと表現される。ダストのエネルギー密度は数密度と同様に$1/a^3(t)$に比例
する。一方で，光，あるいは，それを粒子としてとらえた光子は静止質量をも
たない。光子のもつエネルギーは振動数をν，プランク定数をhとして$h\nu$で与
えられ，光子のもつエネルギーは$1/a(t)$に比例して変化する。この光子のエ
ネルギーの変化は，遠方に存在する遠ざかりつつある天体から放出された光が，
ドップラーシフトによって赤方偏移して見えると解釈できるので宇宙論的赤方
偏移とよばれる。ここでは光の波としての性質を使った説明を与える。いま，
式(5.1)の線素で与えられる時空中でr方向に伝播する光を考える。

$$\eta = c \int^{t} \frac{\mathrm{d}t'}{a(t')}, \qquad \chi = \int^{r} \frac{\mathrm{d}r'}{\sqrt{1 - Kr'^2}}$$

の関係で新たな座標を導入すると式(5.1)の線素は

$$\mathrm{d}s^2 = a(t)^2 \left(-\mathrm{d}\eta^2 + \mathrm{d}\chi^2 + r^2(\chi)\mathrm{d}\Omega^2 \right) \tag{5.6}$$

となる。ここで用いている時間座標ηは共形時間とよばれる。この座標(η, χ)
で考えると動径方向に伝播する光の経路は初期値を(η_0, χ_0)として，単純に
$\chi - \chi_0 = \pm(\eta - \eta_0)$と表される。光速で伝わる波の様子を〈図5.4〉に示した。
$\chi = $一定の共動運動をする観測者から見た，波の山から次の山までの間隔$\Delta\eta$
に着目する。図から明らかなように伝播する光に沿って$\Delta\eta$は一定である。し
かしながら，$\Delta\eta$に対応する固有時間間隔は$a\Delta\eta/c$であることから，光源での
光子のエネルギー$h\nu_{光源}$と，観測者が観測する光子のエネルギー$h\nu_{観測者}$との間
の関係は

$$h\nu_{観測者} = \frac{ch}{a(t_{観測者})\Delta\eta} = \frac{a(t_{光源})}{a(t_{観測者})} \frac{ch}{a(t_{光源})\Delta\eta} = \frac{a(t_{光源})}{a(t_{観測者})} h\nu_{光源}$$

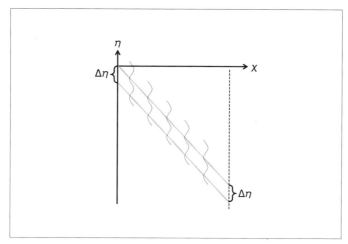

〈図5.4〉 宇宙論的赤方偏移の説明
一様等方時空の線素を式(5.6)のように表したとき光は45度の斜めの直線に沿って伝播する。光を波としてとらえたとき，座標ηで測った波の山から山までの時間間隔$\Delta\eta$は一定に保たれる。

となる。つまり，個々の光子のエネルギーは膨張宇宙を伝播する間にスケールファクターaに反比例して失われる。その結果，光子などの輻射のエネルギー密度[*4]は，ダストとは$1/a(t)$だけ異なり，$1/a^4(t)$に比例する。

以上の考察から，宇宙初期はバリオン数密度，エネルギー密度の高い状態にあったと推察される。また，輻射のエネルギーはダストのエネルギーと比較して，宇宙初期に向かっての増え方が激しい分だけ，初期においては卓越すると予想される。輻射のエネルギー分布が平衡状態を表す黒体輻射であるとき，分布は温度Tのみで特徴づけられ，輻射のエネルギー密度はT^4に比例する[*5]。この事実を用いると，黒体輻射の温度Tは$1/a(t)$に比例して変化することがわかる。すなわち，宇宙初期は高温であったということになる。このように高温高密度状態から宇宙が始まったとするシナリオがビッグバン宇宙モデルである。

[*4] ニュートリノは質量をもつが，その質量は小さく，典型的には光速に近い速度で運動している。そのような静止エネルギーよりも運動エネルギーが卓越している粒子は膨張宇宙の中を伝播することで光子と同様にエネルギーを失う。

軽元素の合成

ビッグバン宇宙モデルでは高温高密度の火の玉から始まったとよくいわれるが，膨張する球のようなイメージは少し間違っている。宇宙はいたるところ高温高密度であったので，宇宙初期が火の玉のように見える観測者は存在しない。通常，物質は高温に熱せられると，ばらばらになろうとする。原子核を構成している陽子や中性子も例外ではなく，高温ではばらばらになっている状態が安定である。さらに，弱い相互作用とよばれる相互作用は

陽子 + 電子 $\longleftrightarrow$ 中性子 + ニュートリノ

の反応を起こすが，この反応のせいで非常に高温では陽子の数と中性子の数は同数につり合い，宇宙の初期条件がリセットされる。しかしながら，バリオン数は変化しないので，与えられた温度におけるバリオン数密度は宇宙の初期条件の選ばれ方に依存する。簡単のため光子が生成消滅する過程を無視すれば，光子の（エネルギー密度ではなく）数密度 n_γ もバリオン数密度 n_B と同様に $1/a^3(t)$ に比例する。したがって，この比 $\eta_B \equiv n_B/n_\gamma$ は時間に依存しない。逆に，標準的な一様等方宇宙モデルの初期条件として調整が許されるパラメーターは η_B 以外に存在しない。初期条件が与えられれば理論的にどのように時間発展するかを数値計算させることが可能である。宇宙の膨張に関してはフリードマ

---

*5 　輻射のエネルギー密度が T^4 に比例することは，次元の勘定さえできれば容易に理解することができる。エネルギー密度は単位体積あたりのエネルギーだから，エネルギー/（長さ）^{3} の次元をもつ量である。ここで，ボルツマン定数（$k_B = 1.38 \times 10^{-23}\,\mathrm{J\,K^{-1}}$），プランク定数（$h \approx 6.6 \times 10^{-34}\,\mathrm{J\,s}$）や光速（$c \approx 3 \times 10^8\,\mathrm{m\,s^{-1}}$）といった物理法則に現れる定数をすべて1にとる単位系を採用すると，温度，エネルギー，長さの逆数はすべて同じ次元をもつ（ただし，重力定数 G_N は1にはおかない。ついでにいうと，時間の逆数もエネルギーなどと同じ次元となる）。このことは，それぞれの物理定数のもつ単位を見ればわかるだろう。[K] の単位をもつ温度に [$\mathrm{J\,K^{-1}}$] の単位をもつボルツマン定数を掛ければ [J] の単位をもつエネルギーになるという具合である。そのように考えるとエネルギー密度が T^4 と同じ次元をもつことがすぐに理解できる。問題は次元だけで話が済むほど簡単かということだが，輻射の場合には電子などの粒子の場合における質量（これに c^2 を掛けた量は粒子の静止エネルギーである）のような特徴的なエネルギースケールが存在しないので，エネルギー密度と同じ次元をもった量をつくろうとすると T^4 しかないことが結論できる。

66   第5章　一般相対論にもとづく宇宙像

ン方程式を解く。膨張宇宙を背景として陽子と中性子から原子核がどのように形成されるかは地上の実験により反応率（散乱断面積）が与えられれば計算できる。このような計算が可能であることをガモフ（G. Gamow）らが示し[2]，その後，林忠四郎により上述の初期条件設定における弱い相互作用の役割の重要性が指摘された[3]。このような計算によると宇宙初期のビッグバン元素合成からは陽子と中性子の数が8つ以上の原子核はほとんどつくられない。しかし，実際には重たい原子核をもつ元素は宇宙に多数存在している。それらは星の中の核反応や超新星爆発などのその後の元素合成によって合成されたものと考えられる。多くの天体がその後の元素合成によって汚染（ビッグバンの初期値が保たれていないという意味）されているものの，宇宙には初期の元素の組成を保っていると思われる天体が存在している。それらは，銀河間に孤立して存在するガス雲であったり，重い元素の含有量が非常に少ない星であったりする。それらの天体の観測から汚染されていないビッグバン元素合成でつくられた元素の組成を見積もることができる。その結果，η_B は $10^{-9} \sim 10^{-10}$ であることが明らかになった[*6]。

　ビッグバン元素合成の理論と観測の比較によって，バリオン数と光子数の比が非常に小さいことが明らかになった。このことは，逆にいうと1個のバリオンあたりに $1/\eta_B \sim 2 \times 10^9$ 個もの大量の光子が存在することを意味する。宇宙に存在する星の密度などからバリオン数密度を割り出し，そこから光子数密度が推定できる。予想される光子数密度を平衡エネルギー分布である黒体輻射に焼き直すと絶対温度で数度に対応する。宇宙初期の高温高密度の状況では光子のエネルギー分布も平衡分布が達成されると考えるのが自然であり，しかも，黒体輻射は宇宙膨張を受けても黒体輻射のまま保たれる。したがって，宇宙初期の高温高密度の平衡状態の名残りである黒体輻射に現在の宇宙も満たされているはずである。このビッグバン由来の黒体輻射をマイクロ波宇宙背景放射とよぶ。

　ペンジャス（A. A. Penzias）とウィルソン（R. W. Wilson）[4]は高感度なマイク

---

*6　現在では観測の精度が向上したことと，元素の組成比以外の観測によっても η を見積もることが可能になり，$\eta \sim 6 \times 10^{-10}$ と決定されている。

ロ波の電波をとらえるアンテナに除去できない雑音の存在を見いだした。この雑音こそが1964年の発見当時，提唱されてまもないビッグバン宇宙の残光であった。この宇宙背景放射の発見で両名は1978年にノーベル物理学賞を受賞している。マイクロ波宇宙背景放射が理論的予言通り非常に高い精度の黒体輻射であることは1994年COBE衛星により証明された。観測されたマイクロ波宇宙背景放射は観測者の固有運動の効果を差し引けば，約10^{-5}の精度で等方的であり，一様等方宇宙論の仮説を決定づけるものとなっている。

まとめ

一般相対論の成功はニュートン重力，および，それに対する必要な補正の再現というレベルにとどまらなかった。一般相対論の宇宙論への適用は非常に単純な宇宙モデルによって，宇宙初期の元素合成を説明し，宇宙背景放射の予言，検証へとつながった。

参考文献

1) この線素はフリードマン–ルメートル–ロバートソン–ウォーカー（Friedmann-Lemaître-Robertson-Walker）計量とよばれる。A. Friedmann: *Über die Krümmung des Raumes*, Zeitschrift für Physik, **10**(1922)377-386; A. Friedmann: *Über die Möglichkeit einer Welt mit konstanter negativer Krümmung des Raumes*, Zeitschrift für Physik **A 21**(1924) 326-332, doi:10.1007/BF01328280（英訳：in General Relativity and Gravitation **31**(1999) 2001.)

2) R. A. Alpher, H. Bethe, G. Gamow: *The Origin of Chemical Elements*. Phys. Rev. **73** (1948)803-804.

3) C. Hayashi: *Proton-Neutron Concentration Ratio in the Expanding Universe at the Stages preceding the Formation of the Elements*, Prog. Theor. Phys. **5**(1950)224-235, doi:10. 1143/ptp/5.2.224

4) A. A. Penzias and R. W. Wilson: *A Measurement of Excess Antenna Temperature at 4080 Mc/s*, Astrophy. J. **142**(1965)419.

―――――――― 第 6 章 ――――――――

インフレーション宇宙論

前章で，一様等方宇宙モデルにもとづくビッグバン宇宙論とよばれる宇宙の歴史のシナリオが非常に成功をおさめたことを概観した。ビッグバン宇宙論では宇宙は高温高密度状態から出発し，そのさいに初期条件がリセットされた結果，どのような宇宙が生まれるかは理論的に決定されると説明した。標準的な一様等方宇宙モデルの初期条件として調節可能なパラメーターは，光子の数密度 n_γ とバリオン数密度 n_B の比 $\eta_B \equiv n_B/n_\gamma$ のみであった。初期条件のリセットとしては 10^{11} K 程度まで温度が上がれば十分である。この初期条件のリセットされる温度に達した時期をビッグバンとよぶなら，逆に，ビッグバン以前の高温の宇宙に関する情報は η_B 以外には得られないといえる。それでは，宇宙の始まりについて，これ以上の探求は断念せざるを得ないのか？　じつは，ビッグバン以前の宇宙のシナリオに関してもインフレーション宇宙論が発展を遂げ，さらに，それが観測的に確かめられつつある。いかにしてそのようなことが可能であったのか？　ビッグバン宇宙論の限界を超える鍵は一様等方性とその破れにあった。

▍宇宙論的諸問題

ビッグバン宇宙論では最初から一様等方な宇宙が仮定されていた。つまり，どうして宇宙が一様等方であるのかという問いに対しては答えがない。しかし，観測される銀河分布はかなり一様である。なにより，前章で登場したビッグバンの残光であるマイクロ波宇宙背景放射は非常に等方的である。これらを説明する理由がビッグバン宇宙モデルには欠如していることを，それぞれ一様性問題，等方性問題という。もちろん，宇宙の誕生の仕方をわれわれは知らないの

70 第6章 インフレーション宇宙論

で，たんに一様等方に宇宙がポコンと生まれる確率が高いだけかもしれない。

しかし，一様等方性以外にもビッグバン宇宙論には謎がある。その代表格が平坦性問題である。前章で，一様等方宇宙モデルには，空間の計量は球面（$K>0$），平面（$K=0$），双曲面（$K<0$）の3通りが存在すると説明した。宇宙のスケールファクターaの時間発展を与えるフリードマン方程式は

$$H^2 \equiv \left(\frac{\dot{a}}{a}\right)^2 = \frac{8\pi G_{\mathrm{N}}\varepsilon}{3c^2} - \frac{Kc^2}{a^2} \tag{6.1}$$

で与えられた。ここでG_{N}は重力定数，εは物質のエネルギー密度である。物質のエネルギー密度は宇宙膨張とともに薄まる。物質が非相対論的な運動をする粒子（ダスト）の場合にはa^3に比例する物理的な体積に反比例してエネルギー密度は小さくなる。一方で，相対論的な運動をする粒子や光子（輻射）の場合には体積の変化に加えて宇宙論的な赤方偏移によるエネルギー損失の効果があった。まとめると

$$\varepsilon \propto \begin{cases} a^{-3} & （ダスト） \\ a^{-4} & （輻射） \end{cases}$$

となる。以上のスケールファクター依存性からは宇宙が膨張しaが増加すると式（6.1）における曲率項Kc^2/a^2が物質のエネルギー密度よりも十分に大きくなり卓越する。宇宙の膨張率Hの現在の値であるハッブル定数H_0は宇宙膨張の観測から求められる。一方，銀河分布の観測からは宇宙の物質の平均密度も推定できる。それらの結果，少なくとも現在曲率項Kc^2/a^2が卓越していないことは古くから知られていた。これはかなり不可思議なことである。最初から宇宙が平坦に生まれたのであればそれでよいと思われるかもしれないが，少し深く考えると平坦性の問題のそのような解決は一様等方性に比べるとはるかに不自然であることがわかる。

宇宙がポコンと生まれたのであれば，宇宙が生まれた最初のエネルギースケールがあるに違いない。重力理論にはニュートンの重力定数G_{N}が必要だが，ここからプランクエネルギー

$$E_{pl} = \sqrt{\frac{\hbar c^5}{G_N}} \approx 1.2 \times 10^{19} \text{ GeV}$$

というエネルギーの次元をもった量やプランク長さ

$$\ell_{pl} = \sqrt{\frac{\hbar G_N}{c^3}} \approx 1.6 \times 10^{-35} \text{ m}$$

という長さの次元をもった量がつくられるという話であった。たとえば，これらが宇宙創成にかかわる典型的スケールを与えると仮定する。すると，宇宙が生まれた瞬間には宇宙はG_Nで決まるエネルギー密度$\approx E_{pl}/\ell_{pl}^3$をもつ。このとき，空間が球面で与えられるなら，球面の半径は$\approx \ell_{pl}$であろう。そうすると，式(6.1)における$8\pi G_N \varepsilon/3c^2$の項と$Kc^2/a^2$が最初から同程度ということになる。その場合，通常の物質を考える限り，その後の宇宙でKc^2/a^2の項が卓越することは避けられない。空間が平面や双曲面の場合は，普通に考えると空間の広がりは無限である。つまり，無限に大きな広がりをもった宇宙が瞬時に生まれることになる。とくに，$K = 0$で無限に広がる宇宙が生まれたのなら，平坦性の問題を解決することは可能である。しかしながら，そのような無限の宇宙を生成するメカニズムははるかに人の想像力を越えており，多くの物理学者は現実的でないと考える。

　空間が平面や双曲面の場合に，周期性を課して空間を有限にすることも可能である。とくにいま興味のある平面の場合には，〈図6.1〉に示したように$x \sim x + L_x$，$y \sim y + L_y$，$z \sim z + L_z$，と同一視することでトーラスを考えることができる。このときトーラスの周期の共動座標での長さは$L_i (i = x, y, z)$である。問題はこの長さが現在観測可能な宇宙の範囲に比べて十分に大きいのかという点である。もし，トーラスの周期が観測可能な宇宙の範囲よりも小さければ，宇宙の周期構造が観測されるはずである。

　観測可能な宇宙の半径を地平線距離とよぶ。この地平線距離を評価するのに，前章で導入した

$$ds^2 = a(t)^2 \left(-d\eta^2 + d\chi^2 + r^2(\chi) d\Omega^2 \right)$$

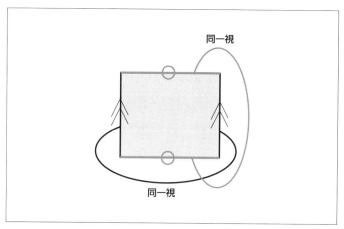

〈図6.1〉 トーラス
ここでは2次元のトーラスを図示している。長方形の内部が空間を表す。対になる辺を同一視することでトーラスが得られる。同一視した空間では，一方の辺を越えると，対になるもう一方の辺から出現する。一般には平行四辺形のようにひしゃげていても構わない。

の形の一様等方時空の計量を用いる。大事な点は時間座標 $t \to -\infty$ の極限でも，共形時間 η は有限に留まる点だ。実際，

$$\eta - \eta_0 = c\int_{t_0}^{t} \frac{dt}{a} = c\int_{t_0}^{t} \frac{da}{a\dot{a}} = c\int_{a_0}^{a} \frac{da}{a^2 H}$$

を評価してみる。少しだけ一般性をもたせ，n を定数としてエネルギー密度が $\varepsilon \propto a^{-n}$ とふるまう場合を考えると

$$\eta_0 - \eta = -c\int_{a_0}^{a} \frac{a^{-2+n/2}}{a_0^{n/2} H_0} da = \frac{2c}{(n-2)a_0 H_0}\left[1 - \left(\frac{a}{a_0}\right)^{-1+n/2}\right]$$

と積分でき，$n > 2$ である限り $a \to 0$ となる宇宙最初期にまでさかのぼっても η は発散しない。また，エネルギー密度 ε が通常のダスト（$n = 3$）や輻射（$n = 4$）で構成されていれば，$O(1)$ の数係数を無視する近似で，$\eta_0 - \eta \approx c/a_0 H_0$ である。(η, χ) の座標では，初期値（$\eta = \eta_0$, $\chi = 0$）の動径方向に進む光の経路は

$\chi = \pm (\eta - \eta_0)$ である。このことから，現在時刻 η_0 において原点 $\chi = 0$ に到達可能な光は

$$\chi < \lim_{a \to 0} |\eta - \eta_0| \approx \frac{c}{a_0 H_0}$$

の領域から放出されたものに限られる。すなわち，観測可能な範囲は，共動座標 χ で見て，この有限の半径（共動座標で測った地平線距離）の球である。この共動座標で見た地平線距離は，初期の時刻 η_i での物理的な長さに焼きなおすと，その時刻のスケールファクター $a(\eta_i)$ を乗じて，

$$(\eta_0 - \eta_i)a(\eta_i) \approx \frac{ca(\eta_i)}{a_0 H_0} = \frac{a(\eta_i)H(\eta_i)}{a_0 H_0} \times \frac{c}{H(\eta_i)} \tag{6.2}$$

と見積もれる。$n > 2$ である限り aH は時間発展に対して単調減少なので，$a(\eta_i)H(\eta_i)/a_0 H_0 \gg 1$ である。一方，プランクスケールのエネルギー密度から宇宙が始まったとすると

$$\frac{c}{H(\eta_i)} \approx \frac{c^2}{\sqrt{G_N \varepsilon}} = l_{pl}$$

であるから，現在観測可能な範囲の半径は宇宙最初期においてプランク長さよりも十分に長いということを式（6.2）は意味する〈図 6.2〉。つまり，トーラス宇宙を考えても，現在周期的な構造が観測されないためには，宇宙が基本的な長さのスケールよりもずっと長い周期をもって突然生まれたと考えなければならない。

　自然が上記のような初期条件を選んだだけだと疑問に思わなければそれまでかもしれないが，そのような説明は不自然だと感じた人たちがいた。1980 年代初頭に佐藤勝彦をはじめとする人々[1]が，このようなビッグバン宇宙論が抱える初期条件の不自然さを問題であるととらえ，インフレーション宇宙という考えを提唱した。

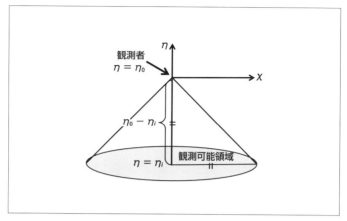

〈図6.2〉 共形時間を用いて描いた時空図
共形時間 η が有限の宇宙では，観測者にとって観測可能な領域は有限の領域に限られる．共動座標 χ で測ると，観測可能な領域の半径は $\eta_0 - \eta_i$ で与えられる．

宇宙の加速膨張（インフレーション）

前節のトーラス宇宙の議論では，物質のふるまいとして $n>2$ であるか $n<2$ であるかが重要であった．$n>2$ の通常の物質を考える限り，現在観測可能な領域の宇宙初期のサイズはプランク長さよりも大きくなってしまったが，逆に $n<2$ となる物質が卓越する時期があったならば，この不自然さを回避することができる．

じつは空間が球面の場合の平坦性の問題も，$n<2$ となる物質が卓越する時期があったならば解決できる．空間曲率の寄与が宇宙膨張に占めている割合 $\Omega_k(\eta) := Kc^2/a^2(\eta)H^2(\eta)$ を定義する．すると

$$\Omega_{K0} := \frac{Kc^2}{a_0^2 H_0^2}$$
$$= \frac{a^2(\eta_i)H^2(\eta_i)}{a_0^2 H_0^2} \frac{Kc^2}{a^2(\eta_i)H^2(\eta_i)} = \frac{a^2(\eta_i)H^2(\eta_i)}{a_0^2 H_0^2} \Omega_k(\eta_i)$$

であり，ここにも $a(\eta_i)H(\eta_i)/a_0 H_0$ の割合が現れる．エネルギー密度のふるま

いが$n<2$の時期があれば，aHは時間発展に対して増加し，$\Omega_{k0}\ll\Omega_k(\eta_i)$も可能になる。共動座標での間隔が$l$の2点間の距離は$a(\eta)l$で与えられるので，その固有時間$\tau$に関する2階微分である加速度は$\ddot{a}l$である。条件$n<2$は$\mathrm{d}(aH)/\mathrm{d}\eta=a\ddot{a}>0$と等価であることから，宇宙が過去に加速膨張（インフレーション）した時期をもてば，現在の宇宙膨張に対する空間曲率の寄与の割合Ω_{k0}を自然に小さくできる。

　宇宙の加速膨張は一様等方性の不自然さも解決する。加速膨張が起これば，現在の観測可能な宇宙のサイズは，宇宙最初期にはプランク長さよりも短いスケールにできる。そのような短い長さスケールにおいて構造をもたない宇宙が生まれたとしても，それほど不自然ではないだろう。

　宇宙を加速膨張させるためにはダストや輻射とは異なる$n<2$の条件を満たす物質が必要である。ここで，アインシュタイン方程式を書き下すさいに，1つ忘れていた点を指摘したい。共変な形に方程式を書くために計量からつくられる2階のテンソルとして，リッチテンソル$R_{\mu\nu}$を考えた。しかし，これ以外に2階のテンソルは存在しないかということをわれわれは考察しなかった。2階のテンソルはじつはほかにも無数に存在し，一般相対論を拡張した共変な重力理論を考える余地が存在する。ここでは，ほかの既知の物理法則にならい，時間の2階微分に関してはたかだか線形であると制限することにする。そのように制限しても，$R_{\mu\nu}$以外に計量テンソル$g_{\mu\nu}$自身が2階テンソルである。そこで，アインシュタイン方程式を

$$G_{\mu\nu}+\Lambda g_{\mu\nu}=\frac{8\pi G_{\mathrm{N}}}{c^4}T_{\mu\nu}$$

と修正する[*1]。ここで，Λは宇宙定数とよばれる（長さ）$^{-2}$の次元をもった定数であり，新しく加わった$\Lambda g_{\mu\nu}$を宇宙項とよぶ。このように修正を加えるとフ

---

*1　これは重力の作用関数を

$$S_g=\frac{c^3}{16\pi G_{\mathrm{N}}}\int\mathrm{d}^4x\sqrt{-g}\left(R-2\Lambda\right)$$

と修正したことに対応している。

リードマン方程式も

$$H^2 = \frac{8\pi G_{\mathrm{N}}\varepsilon}{3c^2} - \frac{Kc^2}{a^2} + \frac{c^2\Lambda}{3}$$

と修正される。これは $\varepsilon_\Lambda = c^4\Lambda/8\pi G_{\mathrm{N}}$ のエネルギー密度をもつ物質が加わったと見ることもできる。このエネルギー密度 ε_Λ は時間的に一定，すなわち $n = 0$ に対応し，加速膨張の条件 $n < 2$ を満たす。ε_Λ が卓越する状況では $\dot{a}/a = H =$ 一定となる。これを積分すると $a \propto \exp(Ht)$ となり，指数関数的宇宙膨張が実現される。

　宇宙項はたしかに必要とされる宇宙の加速膨張をもたらす。しかし，宇宙項がひとたび卓越してしまうと，宇宙膨張とともに減少するダストや輻射のエネルギー密度が再び卓越することはない。それでは，観測される現在の宇宙を説明できない。

宇宙の相転移

インフレーション宇宙論が提唱されたのはグラショウ（S. L. Glashow），ワインバーグ（S. Weinberg），サラム（A. Salam）によるヒッグス機構を用いた電弱統一理論がノーベル賞を受賞した時期と重なる。電弱統一理論では，ヒッグス場というスカラー（0階テンソル）場（時空の関数）の存在を仮定する。高温の宇宙では電磁気力と弱い相互作用が統一された対称性の高い状態であるヒッグス場の値が0の状態が安定だが，温度が下がると対称性が破れてヒッグス場が値をもった状態が安定となる。現在の宇宙では対称性が破れて，電磁気力が長距離力であるのに対して弱い相互作用は日常生活では認識されない短距離力となっている。このヒッグス場が0でない値をもったことでさまざまな粒子が質量を獲得したと考えられている。ヒッグス場の安定な状態のまわりのゆらぎが粒子として観測されたものがヒッグス粒子であり，2012年にはその存在が確定し，質量の起源を与える粒子が見つかったとして話題になった。ここでは素粒子論の詳細には立ち入らないが，素粒子の標準理論の基礎となる場の理論においては，場の安定な配位からのゆらぎ，あるいは，励起がわれわれが粒子として観測しているものの正体である。たとえば電磁気学においては，電場，磁

宇宙の相転移　　77

場という場が存在し，その安定な状態は電場や磁場が0の状態であり，光子は
その状態から励起された波を表している。安定な場の状態のことを真空とよ
ぶ。上記の対称性の破れの前後ではヒッグス場の値が異なる真空間を遷移して
おり，このような現象を真空の相転移とよぶ。

　真空の相転移という考えは，インフレーション宇宙モデルの提案に大きな影
響を与えた。宇宙定数Λが真に定数なら，ひとたびインフレーションが起これ
ばインフレーションは終わらない。ところが，真空の相転移を考えると，真空
は1つではなく，ある場ϕの値に応じて異なる真空であってもよい。そう考え
ると，必ずしもΛが定数でなくてよい。Λを場ϕの関数$V(\phi)$（より正確には
$8\pi G_N V(\phi)/c^4$）におき換えれば，異なる真空ではϕが異なる値をとり，$V(\phi)$
の値も違って当然となる。

　ここで，インフレーションを引き起こす相転移の機構として，もっとも支持
されているモデルを紹介する。一般に，インフレーションを司る場ϕはインフ
ラトン[*2]とよばれる。この場ϕの作用は$V(\phi)$だけでなく運動項をもっている
であろうと考えて，

$$S_\phi = \int \mathrm{d}^4 x \frac{\sqrt{-g}}{c} \left(-\frac{1}{2} g^{\mu\nu} \left(\partial_\mu \phi\right)\left(\partial_\nu \phi\right) - V(\phi) \right) \tag{6.3}$$

と書く。一様等方時空を仮定すれば，空間体積を(Vol)として

$$S_\phi = (Vol) \int \mathrm{d}t\, a^3(t) \left(\frac{1}{2} \dot\phi^2 - V(\phi) \right)$$

となり，ϕの運動方程式は作用の変分から

---

*2　宇宙初期に起こったと考えられる宇宙の加速膨張をインフレーションとよぶ。宇宙の
　　膨張率の2乗は物質の平均密度に比例する。通常の物質では宇宙膨張でエネルギー密度が
　　下がり加速膨張を引き起こせない。インフレーションを起こすには宇宙膨張によってエネ
　　ルギー密度が激しく下がらない物質場が必要である。このような特徴をもつ場をインフラ
　　トンとよぶ。典型的なモデルとしてはポテンシャルエネルギーが卓越したスカラー場を考
　　える。

第6章 インフレーション宇宙論

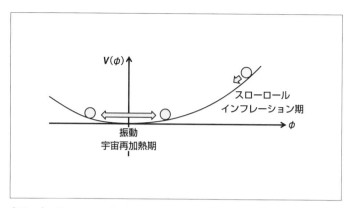

〈図6.3〉 スローロールインフレーション
インフラトンがポテンシャルの坂を転がるさま。$|\phi|$が大きい間は宇宙膨張が早いために摩擦項が利いてゆっくりとポテンシャルの坂を転がる。$|\phi|$が小さくなると摩擦項が利かなくなり，振動を始める。

$$\ddot{\phi}+3H\dot{\phi}+\frac{\partial V(\phi)}{\partial \phi}=0 \tag{6.4}$$

と導かれる[*3]。この方程式はϕを座標と見なせば，速度に比例する摩擦をもち〈図6.3〉に示すポテンシャル$V(\phi)$中を運動する粒子の運動方程式に等しい。ただし，摩擦の大きさは宇宙の膨張率Hに依存し時間変化する。ポテンシャル$V(\phi)$がなだらかであれば，運動の速度$\dot{\phi}$は小さく，インフラトンのエネルギー密度は宇宙項とほぼ同じふるまいをする。宇宙項との違いはポテンシャルの坂を下ることでエネルギー密度が少しずつ減少する点である。インフラトンϕがゆっくりとポテンシャルの坂を転がるさまから，このようなモデルはスロー

[*3] 作用の変分をとるとは，場$\phi(x)$を$\phi(x)+\delta\phi(x)$と無限小変化させたさい，作用がどれだけ変化するかを評価することである。いまの場合

$$\delta S_\phi = (Vol)\int \mathrm{d}t\, a^3(t)\left(\dot{\phi}\delta\dot{\phi}-\delta V(\phi)\right) = (Vol)\int \mathrm{d}t\left[-\frac{\mathrm{d}}{\mathrm{d}t}\left(a^3(t)\dot{\phi}\right)-a^3(t)\frac{\partial V(\phi)}{\partial \phi}\right]\delta\phi$$

と計算される。2つ目の等号では部分積分を行った。任意の変分に対して作用が停留する条件$[\cdots]=0$から運動方程式が導かれる。

ロールインフレーション[2]とよばれる。

〈図6.3〉に示したようなポテンシャルであれば，やがてインフラトンϕはポテンシャル$V(\phi)$の極小点のまわりで振動を始め，加速膨張も終了する[*4]。インフレーションが起こる前にたとえ輻射が存在しても，宇宙論的諸問題を解決するのに十分に長い間インフレーションが続くと，宇宙膨張で輻射は完全に薄まり，極低温極低密度の宇宙になる。このまま摩擦項によってインフラトンの振動が減衰すれば，空っぽの宇宙が生まれる。しかし，インフラトンとほかの粒子との相互作用が存在すれば，インフラトンの振動からほかの粒子が生成され，ビッグバンの初期条件である高温高密度の火の玉を生成できる。これをインフレーション後の宇宙再加熱とよぶ。

インフレーションによる初期密度ゆらぎの生成

インフレーション宇宙モデルはビッグバン宇宙モデルのもつ宇宙論的諸問題をみごとに解決した。しかし，それだけでは宇宙の加速膨張が起こったかどうかを確認できない。それどころか，初期に多少の密度のゆらぎがあったとしても，宇宙膨張はそのゆらぎを消し去ってしまう。本当はもう少し正確にいう必要が

[*4] ポテンシャルの勾配が緩い場合には，式(6.4)の第1項を無視して，

$$\dot{\phi} \approx -\frac{1}{3H}\frac{\partial V(\phi)}{\partial \phi} \tag{6.5}$$

と近似できる。$\dot{\phi}^2$が$V(\phi)$に比較して小さいならば，フリードマン方程式も$H^2 \approx 8\pi G_N V(\phi)/(3c^2)$と近似できるが，そのためには，

$$\left|\frac{\dot{\phi}^2}{V(\phi)}\right| \approx \frac{c^2}{24\pi G_N V^2(\phi)}\left(\frac{\partial V(\phi)}{\partial \phi}\right)^2 \ll 1 \tag{6.6}$$

が要請される。$V(\phi)$として単純なべき型のポテンシャル$V(\phi) \propto \phi^{2p}$を仮定すると，上の条件は$p^2 c^2/(6\pi G_N \phi^2) \ll 1$となる。つまり，$|\phi|$が十分に大きいときに式(6.6)の条件が満たされる。一方，式(6.5)が正しいとして$\ddot{\phi}$を求めると，近似的に

$$\ddot{\phi} \approx -\frac{\mathrm{d}}{\mathrm{d}t}\left(\frac{1}{3H}\frac{\partial V(\phi)}{\partial \phi}\right) = -\frac{c^2 p(p-1)}{4\pi G_N \phi^2}H\dot{\phi}$$

となり，$|\phi|$が十分に大きいときには式(6.4)において第1項を無視することも正当化される。ポテンシャルを下り，$|\phi|$が小さくなると式(6.4)の第1項が無視できなくなり，振動を始める。

80 第6章 インフレーション宇宙論

ある。初期にゆらぎが存在したとしても，その典型的な長さスケールはやはり
プランク長さであると考えられる。なぜなら，短波長のゆらぎほど大きな励起
エネルギーを必要とし，プランク長さより短い長さスケールの波を励起するに
はプランクスケール以上のエネルギー密度が必要とされるからだ。波長の短い
波の励起にはエネルギーが必要だということは，（波長）$^{-1}\times(\hbar c)$がエネルギー
の次元をもつことからも想像できるだろう。したがって，星や銀河を形成する
種が宇宙の初期条件として用意されたと考えるには無理がある。しかしなが
ら，じつはインフレーションには密度ゆらぎを生成する機構も備わっている。

この機構を説明するために，腕の長さlを時間変化させることができる振子
を考える。振子を振動させた状態で，ゆっくりと腕の長さを長くするとどうな
るか想像できるだろうか？ 振子のゆれの振幅が増大するというのが正解だ。
このことを示すには，ゆっくりとしたlの時間変化に対して一定に保たれる断
熱不変量に着目するのがよい。gを重力加速度，$\omega^2(t):=g/l(t)$として，振子
の微小振動の運動方程式は

$$\ddot{X}(t)+\omega^2(t)X(t)=0 \tag{6.7}$$

で与えられる。導出は省略するが，このとき

$$J:=\omega^{-1}\dot{X}^2+\omega X^2$$

は断熱不変量である[*5]。

$$X=A(t)\cos\left(\int\omega(t)\mathrm{d}t\right)$$

と表し，振幅$A(t)$の時間変化がゆっくりであるとすれば，$J\approx\omega A^2$となり，J

---

*5 実際，Jの時間微分をとると

$$\dot{J}=2\omega^{-1}\left(\ddot{X}(t)+\omega^2(t)X(t)\right)\dot{X}-\frac{\dot{\omega}}{\omega^2}\left(\dot{X}^2-\omega^2X^2\right)=-\frac{\dot{\omega}}{\omega^2}\left(\dot{X}^2-\omega^2X^2\right)$$

となる。$\dot{X}^2-\omega^2X^2\neq 0$ではあるが，$\omega$および$\dot{\omega}$が一定であるとして，振動の1周期にわた
り$\dot{X}^2-\omega^2X^2$を平均すると0になる。このことから，ωの変化にかかる時間をTとしたとき，
$\dot{J}$は$1/T$とスケールするが，$\dot{J}$の1周期平均は$T\to\infty$で$1/T$よりも急に小さくなる。このため，
Jはωの十分ゆっくりとした変化に対して一定に保たれる。

インフレーションによる初期密度ゆらぎの生成　81

が一定であることは$A \propto 1/\sqrt{\omega}$を意味する。高い振動数をもつ短い振子の腕を
ゆっくりと長くすれば，振動数は腕の長さの1/4乗に比例して振幅が増大する。

　これと同様の現象がインフレーション中のインフラトンの波についても起こ
る。簡単のために空間は平面であるとし，背景となる一様等方時空の計量を

$$ds^2 = -c^2 dt^2 + a^2(t)\left(dx^2 + dy^2 + dz^2\right)$$

で与える。一様なインフラトン$\phi(t)$に$\delta\phi(t)\cos kx$の小さな振幅の波を加える
と$\delta\phi$に対する方程式は

$$\left(\frac{d^2}{dt^2} + 3H\frac{d}{dt} + \frac{k^2}{a^2} + \frac{\partial^2 V}{\partial\phi^2}\right)\delta\phi = 0 \tag{6.8}$$

となる[6]。一様な背景場$\phi(t)$の方程式（6.4）に似ているが，$\partial V/\partial\phi$の項が
$(\partial^2 V/\partial\phi^2)\delta\phi$となっている点と，運動項に含まれる空間微分に起因するk^2/a^2
の項が存在する点が異なっている。式（6.8）の第2項の摩擦項を無視すれば，
$(k^2/a^2) + (\partial^2 V/\partial\phi^2)$が式（6.7）における$\omega^2$の役割を果たしていることがわかる。
スケールファクターaが小さいとき，k^2/a^2は非常に大きく，これは振子の腕
が短い状況に対応する。やがて，aが大きくなるとk^2/a^2は小さくなるが，こ
れは振子の腕が伸びた状態に対応する。膨張宇宙における波の振動数の変化
は，宇宙膨張とともに波の波長が伸びることに起因する。

　上記が波の増幅の機構である。増幅の機構があっても最初に波が存在しなけ
れば振幅は0のままである。ここで量子力学的ゆらぎが登場する。マクロな現
象は量子力学を使わなくても十分に正確に記述できる。しかし，ミクロな現象
を記述するさいには，すべからく物理法則は量子力学の原理に従う。量子力学
の根本原理に不確定性原理がある。振子の例では，おもりの質量をmとして

---

[6]　$\phi(x) = \phi(t) + \delta\phi(t)\cos kx$を式（6.3）に代入し，$\delta\phi(t)$に関して2次までを残し，空間
平均をとると作用の$\delta\phi(t)$に依存する部分は

$$S_{\delta\phi}^{(2)} = (Vol)\int c\,dt\,\frac{a^3}{4}\left[\dot{\delta\phi}^2 - \left(\frac{k^2}{a^2} + \frac{\partial^2 V(\phi(t))}{\partial\phi^2}\right)\delta\phi^2\right]$$

となる。この作用の変分をとれば式（6.7）を得る。

82 第6章 インフレーション宇宙論

位置Xとその共役運動量である$P := m\dot{X}$の間に，（Xの決定精度）×（Pの決定精度）$\geq \hbar$の不等式が成り立つというのが不確定性原理の主張である。マクロな現象に量子力学が顔を出さないのは，mが大きければ十分な精度でXと$\dot{X}$を同時に決定可能だからだ。振動子は最低エネルギー状態であっても，不確定性原理から量子力学的にはつり合いの位置に完全に静止することは許されない。このため，不確定性原理を満たすためにはゆらぎをつねにもつ。この量子力学的ゆらぎがインフレーション中には上記の波の増幅機構によって増幅され$\phi(x)$のゆらぎを生み出す。この$\phi(x)$のゆらぎが密度ゆらぎとなって星や銀河といった宇宙の構造形成の種となったと考えられる。

インフレーションモデルを与えれば，理論的に密度ゆらぎの振幅の波長依存性（密度ゆらぎのスペクトル）が計算できる。スローロールインフレーションではインフレーション中の膨張率Hやϕの値はゆっくりとしか変化しない。そのため，ゆらぎの方程式（6.8）において，時間座標の原点をずらすことでkの違いをスケールファクターaで吸収させることができる。そうすると，ゆらぎの方程式は波数kにほぼ依存しないことがわかる。そのため，星や銀河の長さスケールから，地平線距離のスケールにわたって，ほぼスケール不変な密度ゆらぎの振幅分布（＝スペクトル）[3]が得られる。この予言は宇宙背景放射や銀河分布の観測などからみごとに確かめられ[4]，インフレーション宇宙論に対する強力な支持を与えている。

まとめ

一般相対論が予言するビッグバン宇宙論をさらに過去にさかのぼり，直接観測できない宇宙初期を明らかにすることは困難である。しかし，宇宙の一様等方性や平坦性の問題をヒントにビッグバン以前に宇宙の加速膨張期が存在したというインフレーション宇宙論のアイデアが提唱された。インフレーションは宇宙の密度ゆらぎの起源をも説明し，観測的にも検証されつつある。

次章では観測的検証について議論する。

アンチ・インフレーション派の宇宙モデル

物理学は実証されてこそ物理学であって，実証不可能な理論は物理学にはならないとよく主張される。これは一面の真理であるが，宇宙論の議論を進める立場からすると，こういう考え方は少し窮屈すぎる。宇宙を相手にする場合，観測可能な物理量には限りがある。納得がいくまで何度も実験を重ねるということが許されず，われわれはただ，そこにある宇宙を観測するのみだからである。インフレーションのような宇宙の始まりのシナリオがどうなっていたのかを明らかにしたいという人間の欲求を満たすという目的に対して，宇宙の観測だけに頼るのでは限界が存在する。

　まず，宇宙初期のインフレーション期の存在を仮定すれば，一様等方性問題や平坦性問題を解決できるとはいうものの，そもそも一様等方で平坦な宇宙がポコンと生まれる可能性を排除するものではない。そうなるとスケール不変な初期密度ゆらぎを予言するという点が，インフレーション宇宙論支持者の心のよりどころということになる。このように書くと，インフレーションが宇宙初期に起こったとする考え方は一種の信仰のようなものではないかと思われるかもしれない。しかし，この場合，信仰とよぶのは当たらないのだと思う。

　まず，一様等方で平坦な宇宙をポコンと生み出す機構についてわれわれは議論できる土台をもっていない。一般相対論は量子力学と相性があまりよろしくない。宇宙がプランク長さ程度に小さかった時期にまで宇宙の歴史をさかのぼろうとすると，量子力学的な効果が顕著に効いてくると考えられる。そのような状況で一般相対論をどのように拡張して量子力学と整合的に扱えばよいのかをわれわれはいまだによく理解できていない。それに対して，インフレーションの機構は，もっと宇宙が大きくなって量子力学的な効果が小さくなり，扱いやすくなってからはたらく機構である。それ以前の宇宙がどのように混沌としたものであったとしても，ひとたび，インフレーションが起これば

その後の宇宙がどのようになるかを予言できる。

インフレーションのように，一様等方性や平坦性の問題を解決する別の宇宙論のシナリオが存在するか。世の中には宇宙が膨張と収縮をくり返すというシナリオを唱える人たちがいる。宇宙に始まりがあるということに不自然さを感じるのだろう。しかし，一般相対論には特異点定理とよばれる一群の強力な定理が存在している。その定理の1つは宇宙が収縮を始めると，有限の時間の間に特異点とよばれる時空点が現れることを主張する。特異点とはその先の未来をアインシュタイン方程式に従って予言することができなくなる時空点のことである。したがって，一般相対論を越える理論を何か仮定しないことには，特異点の先を議論することができない。よって，膨張と収縮をくり返すシナリオを唱えるためには，一般相対論の検証されていない拡張が必要である。

また，ミンコフスキー時空のような膨張していない宇宙から出発してわれわれの宇宙が生まれるというシナリオも議論されることがある。これも宇宙の始まりを定常な状態にすることで，真の始まりの存在を避けようという考え方なのだろう。このようなシナリオを実現させるためには一般相対論とはまったく違う重力理論を考えるか，そうでなければ，膨張する宇宙の中でエネルギー密度が大きくなるという常識的には考えにくい特殊な物質場の存在を仮定せざるを得ない。

このように眺めてみると，やはり，インフレーションというのは，群を抜いて現実の宇宙を経済的に説明するシナリオであるといえる。インフレーションを起こすインフラトンという場の存在は仮定しなければならないが，その性質は膨張したら余計にエネルギー密度が増大するような特殊なものではない。単純なポテンシャルをもつスカラー場で十分なのだ。物理学とは，現実に起こる現象を統一的に簡潔に記述する手段を与えるものであるというとらえ方もできる。実際，これまでの物理学の発展で実験や観測で確かめられてきた物理法則は完全な法則ではなく，ある適用範囲の中で現象を十分正確に記述する法則であったにすぎない。したがって，物理学の基本法則の探究とは，現

実に観測可能な現象をすべて説明するための最小の仮定は何かという
ことを追究することである，とするのが誠実な立場なのだろうと思
う。そう考えたとき，インフレーション以上に宇宙の初期条件を美し
く説明するシナリオはないといってよいのではなかろうか。

参考文献

1) K. Sato: *Cosmological baryon number domain structure and the first order phase transition of a vacuum*, Phys. Lett. B **33**(1981)66–70, doi:10.1016/0370-2693(81)90805-4

2) A. Linde: *A new inflationary universe scenario: A possible solution of the horizon, flatness, homogeneity, isotropy and primordial monopole problems*, Phys. Lett. B **108**(1982)389, doi:10.1016/0370-2693(82)91219-9

3) スローロールインフレーション宇宙における最初のゆらぎの計算は，V. F. Mukhanov, G. V. Chibisov: *Quantum fluctuation and "nonsingular" universe*, JETP lett. **33**(1981)532.

4) 宇宙背景放射の Planck 衛星による観測 https://www.cosmos.esa.int/web/planck/publications
銀河分布の Sloan Digial Sky Surveys による観測 http://www.sdss.org/surveys/

―――――――― 第 7 章 ――――――――

宇宙論的観測の精密化

第5章および6章で，ビッグバン宇宙論，インフレーション宇宙論という2つのパラダイムの成功を紹介した。インフレーション宇宙論では宇宙の加速度的膨張による引き延ばしの効果で，一様性問題や平坦性問題を解決する。そのさいに，最終的に加速膨張を止める機構が必要であった。標準的とされるスローロールインフレーションモデルでは，スカラー場（インフラトン）を仮定することでこの機構を実現した。すべての物理的自由度には量子論的なゆらぎが付随すると説明したが，インフラトンのもつ量子論的なゆらぎはスケール不変な密度ゆらぎのスペクトルを生み，マイクロ波宇宙背景放射の 10^{-5} 程度の微小なゆらぎとして間違いなく観測されている。スローロールインフレーションの終わりには宇宙膨張を引き起こしていたインフラトンのポテンシャルエネルギーが解放されて物質や輻射が生成されたと考えられる。こうして生み出された一様等方な高温高密度の初期状態がビッグバンである。さらに宇宙が膨張し冷える過程で，軽い元素が合成される。このとき，光子の数とバリオンの数の比が適当な値であれば，観測される軽元素の割合を説明できる。ひとたび，この比が固定されると現在の宇宙に満ちている光子の数密度が推定されるが，その予想に合う量のマイクロ波宇宙背景放射が存在していることが観測され，ビッグバン宇宙論を強く支持している。この章では宇宙論的観測の精密化がどのように進展してきたかを，さらにくわしく解説する。

▌宇宙背景放射のゆらぎのスペクトル

マイクロ波宇宙背景放射はビッグバンの残光である。温度が高い宇宙初期では，光はひんぱんに散乱されるが，やがて密度や温度が下がると光は散乱され

第7章 宇宙論的観測の精密化

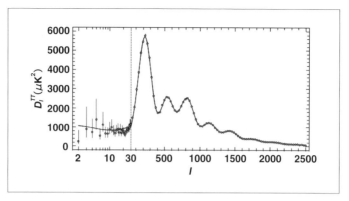

〈図7.1〉 Planck衛星が観測したマイクロ波宇宙背景放射のパワースペクトル

マイクロ波宇宙背景放射は全天のあらゆる方向でほぼ一様であるが，わずかにゆらぎが存在している。縦軸が温度の非一様性の振幅の自乗を表し，横軸が角度スケールを表しおよそπ/lラジアンの角度に相当する。データ点は観測値で実線は標準的な宇宙モデルによるフィッティング（e-Print: arXiv:1502.01582 より）。

なくなり直進する。この変化は物質の状態変化によって急激に起こる。高温では原子核と電子はたがいに結合せずに自由に飛び回っている。この状態では原子核も電子も電荷があらわであるために光子と強く相互作用している。しかし，温度が下がると原子核と電子が結びつき中性の原子になる。すると，物質と光子の相互作用が急激に弱くなり光子が散乱されなくなる。これを宇宙の晴れ上がりといい，それが起こる温度は約3000 Kである。このとき，光子は最後に散乱された場所での重力赤方偏移や流体的な運動によるドップラーシフトの影響を受け，マイクロ波宇宙背景放射の温度の非一様性を引き起こす。

このマイクロ波宇宙背景放射のゆらぎを異なる角度成分に分けたとき，振幅の角度スケール依存性を表したものがマイクロ波宇宙背景放射のパワースペクトルである。COBE衛星，WMAP衛星に続いてPlanck衛星が打ち上げられ，地上からも多くの観測が行われてきた結果，現在では〈図7.1〉のような精密なパワースペクトルが得られている。ここで横軸が角度スケールを表し右に行くほど小角度である。横軸には球面波展開の指数lが用いられているが，π/lラジアン程度の角度に対応する。グラフの左端は全天球にわたるスケールのゆら

ぎを，右端ではおよそ0.07度スケールのゆらぎを表している。このパワース
ペクトルには特徴的な振動パターンが見られる。つまり，角度スケールによっ
て，ゆらぎの振幅に大小があることを意味する。パワースペクトルのピークは
おおよそ$l \sim 200$程度にある。インフレーションによって生成されるゆらぎは
スケール不変であるにもかかわらず，このようなスケール依存性が現れる理由
を簡単に説明する。

　この説明の準備として，ハッブルホライズンスケール$cH(t)^{-1} = c(\dot{a}(t)/a(t))^{-1}$
の時間変化を意識する必要がある。ハッブルホライズンスケールは宇宙がe（自
然対数の底）倍に膨張する時間$H(t)^{-1}$の間に光速度cで情報が伝達可能な距離
を表す。インフレーション中は真空のエネルギーが卓越しており，エネルギー
密度はほぼ一定であるので，フリードマン方程式

$$H^2 = \frac{8\pi G_N \varepsilon}{3c^2} \qquad （空間曲率は0とした）$$

から膨張率$H(t)$もほぼ一定となる。一方，前章で説明したようにダスト優勢
や輻射優勢の宇宙では

$$\varepsilon \propto \begin{cases} a^{-3} & （ダスト） \\ a^{-4} & （輻射） \end{cases}$$

とふるまう。フリードマン方程式を見比べると

$$H \propto \begin{cases} a^{-3/2} & （ダスト） \\ a^{-2} & （輻射） \end{cases}$$

であることが容易にわかる。非常に単純化したモデルとして，インフレーショ
ン後に輻射優勢の宇宙が生まれ，やがて温度が下がりダスト優勢になる場合に，
ハッブルホライズンスケールの変化を，aを横軸にとり，両対数で図示すると
〈図7.2〉の実線のようになる。同じ図に点線で$\propto a$を表す数本の直線を書き込
んだ。これは共動座標で見て一定の長さスケールに対応する物理的な長さス
ケールの時間変化を表す。

　共動座標で一定の長さスケールに着目したとき，初期にはハッブルホライズ

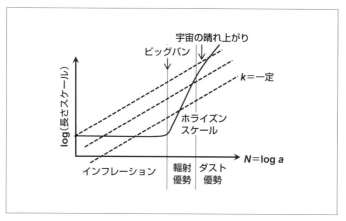

〈図7.2〉 ホライズンスケールの時間発展
対数で表示した，宇宙のホライズンスケールと，共同座標で一定の波数 k に対応するスケールの時間変化の図。横軸にスケールファクターを採用しているので，後者は直線となる。この図から，波数 k に対応するスケールはインフレーション中にホライズンスケールよりも長波長になるが，インフレーション後に再びホライズンスケールよりも短波長になるということが読みとれる。

ンスケールよりも短く，インフレーション中にハッブルホライズンスケールよりも長くなり，ビッグバンの後に再びホライズンスケールよりも短くなることが，このように図示するとはっきりとわかる。このことは密度ゆらぎの発展を考えるうえで非常に重要である。ゆらぎの波長も宇宙膨張とともに引き延ばされるので，共動座標一定の長さスケールの変化と同様にふるまう。ゆらぎの波長がハッブルホライズンスケールよりも長いか短いかでゆらぎの時間発展のふるまいは大きく変わる。宇宙の晴れ上がり以前のゆらぎの時間発展に注目すると，輻射とバリオンが強く相互作用しているために，あたかも1つの流体であるかのように一体となって運動する。この流体は輻射の圧力のおかげで，圧縮されると圧力が上がり膨張しようとする。逆に膨張すると圧力が下がりまわりから押されて収縮しようとする。このため，ばねの運動のように伸縮をくり返す振動運動が期待される。ゆらぎの波長がハッブルホライズンスケールよりも短いときは，上記の説明で期待されるとおりの振動が起こる。しかし，ゆらぎの波長がハッブルホライズンスケールよりも長いときはそうはいかない。これ

は，1波長間を光速度で情報をやりとりする時間よりも振動の時間スケールが短くなることはないため，振動の時間スケールよりも宇宙膨張のタイムスケールが短くなるからと考えて大きな間違いではない[*1]。

以上で準備が整った。共動座標での波長がある値 $2\pi/k$ のゆらぎに着目する。ここで，同じ波数 k でもさまざまな方向が存在することに注意しておこう。インフレーション中に生成されたゆらぎの振幅は，波長がハッブルホライズンスケールよりも長い間は保存される。やがて，波長がハッブルホライズンスケールよりも短くなると振動を開始する。振動周期はゆらぎの1波長を音速が伝わる時間で決まる。音速は輻射優勢の場合には光速に近い $c/\sqrt{3}$ で与えられる。バリオンのエネルギー密度が優勢になると音速は変化する[*2]が，晴れ上がり以前では変化は急激ではないので，ここでは振動周期の変化を無視する。そうすれば，さまざまな長さの初期値でいっせいに振動を始めたばねの統計的な集団を考えるのと同じである。ある波数 k のゆらぎに着目したとき，振動の振幅は確率的でさまざまであるが，振動を開始する時刻は皆同じである。そのため，振動の振幅が最大となる時刻は周期的に現れるが，その時刻は波数 k ごとに決まっている。長波長のゆらぎのモードほど，その波長がハッブルホライズンスケールと交わる時刻は遅くなり，振動を開始する時刻が遅れる。やがて，晴れ上がりの時刻が来るとその後の光子は単純に直進しわれわれに到達すると考え

[*1]　一般相対論的には，以下のように考えるほうがより正確である。まず，一般相対論では座標の選び方は自由である。密度ゆらぎの振幅が十分に小さいならば，座標変換の自由度を用いて密度一定の面を時刻一定の面に選ぶことが可能である。このような座標を選ぶと，密度ゆらぎは時刻一定面の空間曲率のゆらぎとして表される。さらに，ハッブルホライズンスケールよりも十分に大きなスケールのゆらぎを議論する場合には，空間の各点で局所的に見ると一様等方時空と区別がつかない。ただ，空間曲率が緩やかに空間座標に依存するというだけである。こう考えると曲率は一様等方時空の場合と同様で $\propto a^{-2}$ と時間発展する。逆にいうと，この自明な時間発展の因子を除いて，ゆらぎの振幅はホライズンスケールより波長が長い時期には一定に保たれる。

[*2]　輻射のエネルギー密度を ε_γ，バリオンのエネルギー密度を ε_b として，音速の2乗は

$$c_s^2 = \frac{\dot{P}}{\dot{\varepsilon}}c^2 = \frac{-4P_\gamma}{-4\varepsilon_\gamma - 3c_b}c^2$$

で与えられる。ここで P は圧力を，添字 γ は輻射を，b はバリオンを表す。

92　第7章　宇宙論的観測の精密化

れば，マイクロ波宇宙背景放射のゆらぎは晴れ上がりの時刻での重力ポテンシャルのゆらぎや視線方向の速度ゆらぎで決まるということは先に説明したとおりである。この時刻でゆらぎの振幅が極大になっている波長もあれば，極小となっている波長もある。これが，〈図7.2〉のようなパターンが現れる理由である[*3]。このゆらぎのパターンのフィッティングからは，宇宙の空間曲率，バリオン密度など，さまざまな情報を読みとることが可能である。銀河間距離の相関解析からも，マイクロ波宇宙背景放射の第1ピークに対応する波長に相関のピークが見つかっている。この銀河間距離の相関に振動パターンが現れる現象はバリオン音響振動[*4]とよばれる。

重力不安定性による宇宙の大域的構造形成とダークマター

宇宙の晴れ上がりのころまではバリオンと輻射は一体となって運動している。その間は，宇宙のエネルギー密度 ε のゆらぎ $\delta\varepsilon$ は振動しているだけで，相対的なゆらぎの振幅 $\delta\varepsilon/\varepsilon$ は成長しない。密度が下がり，両者の間の相互作用が弱くなるとバリオンのゆらぎは独自の発展を始める。通常の物質にも圧力は存在するが，静止エネルギー密度 ρc^2 を含む物質のエネルギー密度 ε に比べると，その圧力は無視できるほど小さい。したがって，圧力のないダストとして近似することができる。これは輻射がバリオンと強く相互作用している晴れ上がり以前とは大きな違いである。圧力が無視できる場合に，密度のゆらぎを考えると，密度の高い領域にはまわりのものを引きつけようとする重力による引力がはたらき，その結果密度がより高くなる。つまり，重力的には不安定である。不安定性が存在すると一般には指数関数的にゆらぎが成長するが，膨張宇宙で

[*3]　重力ポテンシャルゆらぎが振動の振幅に，視線方向の速度ゆらぎは振動速度に対応するので，話はもう少し複雑である。$l \sim 200$ 付近に見られる最初のピークが重力ポテンシャルのゆらぎの極大におおよそ対応しているのに対して，2番目のピークは速度ゆらぎの極大におおよそ対応している。その後のピークに対しても重力ポテンシャルのゆらぎと速度ゆらぎの寄与が交互に現れており，これが奇数番目のピークが偶数番目のピークに比べて大きな振幅をもつことを説明する。

[*4]　物質の粗密が波となって伝わるものが音波である。したがって，ここで考えた振動も音波である。この波の粗密がバリオン（通常の物質）の粗密として残ったものであるので，バリオン音響振動とよばれる。

のゆらぎの成長はもう少し穏やかである。インフレーションの話のときに摩擦項が現れたように、また、光子のエネルギーが宇宙膨張により宇宙論的赤方偏移を受けて失われるように、宇宙膨張は運動エネルギーの減少、すなわち、摩擦を与える。その結果、ここでは導出は省略するが、ダスト優勢の宇宙での$\delta\varepsilon/\varepsilon$が小さく線形近似が成り立つ範囲では、$\delta\varepsilon/\varepsilon \propto a$のように成長し成長率は波長によらない[*5]。これは、ダスト優勢の宇宙では音速が0に非常に近いため、宇宙膨張のタイムスケールで音波が進む距離という典型的な距離スケールが存在しない(0である)からである。

　ここで、ゆらぎが成長を始める宇宙の晴れ上がり以降、現在までにどれだけ宇宙が膨張したかが問題になる。原子核と電子が結合して電気的に中性化する温度はおよそ3000 K[*6]であることから、現在の3 Kにまで冷えるのに1000倍程度に宇宙のスケールファクターは増大したと見積もられる。密度ゆらぎ$\delta\varepsilon/\varepsilon$がマイクロ波宇宙背景放射のゆらぎと同程度の$O(10^{-5})$から成長を始めたはずなので、観測される現在の宇宙の構造を説明するにはゆらぎが成長する時間が不足する。さらに、輻射とバリオンの結合が切れるあたりでは、たがいの振動の位相がずれて摩擦が生じる。その結果、小さな長さスケールでのバリオンの振動は激しく減衰を受けてしまう[1](シルク減衰とよばれる)。そうなると、現在の銀河や星に満ちた宇宙を生み出すことは不可能である。

　この構造形成の問題を解決するアイデアとして冷たい暗黒物質(CDM)シナリオが提案された。暗黒物質というとイメージが悪いのでダークマターと英語でよぶことにする。ダークマターはこれまでの素粒子実験で見つかっていなくても不思議でない程度に弱くしか通常の物質と相互作用しない物質の総称であ

---

*5　一般相対論的には$\delta\varepsilon = 0$となる座標を選ぶことが可能であることから、座標系を固定しなければ$\delta\varepsilon$は意味をなさない。ここでは、計量の摂動δg_ν^μが座標条件、$\delta g_0^{\ i} = 0$, $\delta g_0^{\ 0} = -\delta g_j^{\ j}/3$を満たすとしている。この座標条件はニュートン力学的に導出した摂動の式と一致することから、宇宙論的ニュートンゲージとよばれる。

*6　水素原子核から電子が離れて電離するために必要なエネルギーは13.6 eVである。これを温度に換算すると160000 K程度になる。水素原子核と電子が結合する目安の温度である3000 Kは160000 Kと比べて非常に低い温度である。この差が生じる理由は、バリオン数に比べて光子の数が非常に多いことにある。光子が多い宇宙では水素原子核と電子が結合するのを光子による散乱が妨げるのである。

る。ダークマターの正体は不明だが，そのような物質があっても不自然ではないし，あれば現実がうまく説明できるという話である。「冷たい」という形容詞は，輻射的ではなく，ダスト的に圧力が無視できる物質としてふるまうという意味である。CDMが存在すると，宇宙が輻射優勢の時代からすでに，CDMの密度ゆらぎはゆっくりと成長する。その間にバリオンの密度ゆらぎはならされてしまうが，バリオンと輻射との結合が切れるとバリオンはCDMのつくる重力ポテンシャルの井戸へと落ち込み急速にゆらぎを再成長させることができる。このため，宇宙の構造形成にCDMは不可欠だと予想された。

マイクロ波宇宙背景放射によるインフレーション起源の重力波観測

マイクロ波宇宙背景放射の観測の精密化は進んできたが，さらにまったく新しい観測の進展が期待されている。それは今後の発見が待たれているマイクロ波宇宙背景放射のBモード偏光の観測によるインフレーション起源の重力波観測である。インフレーション中のインフラトンの量子ゆらぎから密度ゆらぎが生成されるという話であったが，インフレーション中に存在する場はインフラトンだけに限られない。重力場の摂動の場も存在する。一般的な重力場の摂動の議論は後の章に譲り，ここでは簡単な事実のみを述べるにとどめる。この重力場のゆらぎは電磁波と同じように光速で波として伝わるので重力波とよばれる。すべての力学的な変数は量子力学の原理に従うとなれば，重力波も例外ではない。インフラトンのゆらぎが生成されたのと同様に，量子力学的ゆらぎが増幅されて重力波も生成されるはずである。この重力波の痕跡をマイクロ波宇宙背景放射の偏光から検出しようというのである。

　偏光を説明するには光が電場，磁場の波であることを理解する必要がある。1つの偏光に着目すると〈図7.3〉のように電場の向きは進行方向に垂直な一方向を向き，磁場は電場と進行方向の両方に垂直な方向を向く。電場の向きに着目して名づけるなら，〈図7.3a〉が縦偏光，〈図7.3b〉が横偏光となる。縦横を区別しても，特別な方向のない一様等方時空では何の意味もないと思われるかもしれない。しかし，天球上の広がった領域にわたりマイクロ波宇宙背景放射の偏光の分布が得られると話が違う。（線素が $ds^2 = dx^2 + dy^2$ で与えられる）2次元平面上のベクトル場 A は以下のように一意に分解できる。

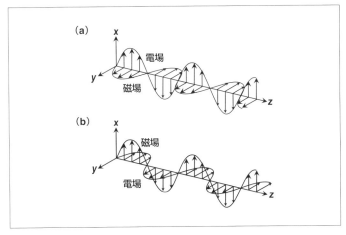

〈図7.3〉 2つの異なる偏光の伝播の様子
電磁波は電場と磁場の波である。ある方向に伝わる波を考えたとき、電場と磁場は進行方向に垂直な向きにたがいに垂直な方向を向いている。図では波がz方向に伝わるとしているが、(a)では電場がx方向を向いているのに対して、(b)では電場はy方向を向いている。これらは異なる偏光の電磁波として区別することができる。

$$A^i = \partial^i \phi + \varepsilon^{ij}\partial_j \psi \tag{7.1}$$

ここでϕやψは2次元のスカラー関数で、ε^{ij}は$\varepsilon^{12} = -\varepsilon^{21} = 1$、$\varepsilon^{11} = \varepsilon^{22} = 0$で与えられる完全反対称テンソルである。球面上の場に対しても同様の分解が可能である。密度ゆらぎが3次元空間上のスカラー量であることに起因して、ε^{ij}を含む式(7.1)の第2項のような寄与を密度ゆらぎから線形摂動の範囲で生成できない。密度ゆらぎから生成できるベクトルはすべてスカラーの微分、すなわち、式(7.1)の第1項の形に書けてしまう。しかし、重力波が存在すると話が違う。重力波は計量のゆらぎであるので添字を2つもつテンソル場である。そこからベクトルをつくる場合には式(7.1)の第1項のみになる理由はなく、第2項の形の寄与も同様に現れる。この第2項の形の偏光をBモード偏光とよぶ。マイクロ波背景放射にインフレーション中に生成された重力波に起因するBモード偏光が観測で見つかれば、インフレーションモデルの決定的な証拠となる。重力波の振幅からインフレーションが起こったエネルギースケールを決

定することも可能である。また，この重力波は重力場の量子ゆらぎに起因する。
したがって，重力場も量子力学の原理に従うことの証明を与えることにもな
る。量子力学と一般相対論の融合は簡単ではなく，未解決の大問題である。量
子力学にもとづいて素粒子模型はすべて構築されているので，重力のみが量子
力学に従わないような理論を無矛盾に構成することは理論的には難しいが，そ
の可能性は実験的に否定されていない。その意味でインフレーション起源の重
力波の検出のもつインパクトは非常に大きい。

宇宙の加速膨張の観測と宇宙項問題

近年の宇宙論の精密化にIa型超新星が果たした役割に触れないわけにいかな
い。一般的に超新星とは星が核反応を終えた終焉に起こる大規模な爆発現象で
ある。観測的には急激な増光の後に徐々に減光する突発的天体である。そのな
かで，Ia型というのは白色矮星とよばれる星を起源とする少し異なる種類の超
新星であると考えられている。細かい超新星の分類はさておき，ここで重要な
点はIa型超新星の絶対的な明るさがほぼ一定だという点である。明るさが一
定の天体は標準光源として天体までの距離の測定に用いることができる。その
ことは以前から知られていたが，ばらつきがあり標準光源として満足のいくも
のではなかった。ところが，1990年代半ばに減光の速さと絶対的な明るさの
間に関係があることが観測的な経験則として明らかになり[2]，この補正を加え
るとそれまで以上に正確にIa型超新星までの距離が決定できるようになった。
さらに，遠くの超新星を系統的に観測する計画が進んだこともあり，Ia型超新
星による距離-赤方偏移関係の精度が飛躍的に向上した。遠方の天体の距離-赤
方偏移関係を観測すれば，背景となる一様等方時空の時間発展の情報が得られ
る。「宇宙の遠くを見れば過去が見える」ということである。その結果，驚くべ
きことに，われわれの宇宙は現在加速膨張していることがわかった。通常の物
質だけでは加速膨張を起こすことはできないので，宇宙項が必要だということ
は前章のインフレーションの話で説明した。われわれの宇宙にはダークマター
が存在するだけでは不十分で，さらに正体不明のダークエネルギーを要求して
いるのである。この名前が広く使われているが，やはり由緒正しい宇宙項とい
うよび名を使うことにする。マイクロ波宇宙背景放射の観測とも整合させるに

宇宙の加速膨張の観測と宇宙項問題　　97

は，現在の宇宙に占めるエネルギー密度の比率は，ダークマターが約1/4，宇宙項が約7割を占め，通常の物質（おもにバリオン）が占める割合は約5％にすぎないとされている。

　現在の宇宙の加速膨張が発見される以前から，そもそも宇宙項問題とよばれる大問題は存在した。アインシュタイン方程式に宇宙項を加えることができるという話を前章でした。もし，0でない宇宙定数Λが存在すれば，ほかの物質のエネルギー密度が0の極限でも，宇宙は膨張を続ける。前章で，宇宙定数Λは$\Lambda = 8\pi G_{\mathrm{N}} V/c^4$として，場のポテンシャル$V$の値と解釈できると説明した。この「場」には素粒子の標準模型に含まれる粒子のほか，未知の粒子もすべて含まれる。インフレーション中のポテンシャルエネルギー，すなわち，Vの値は，インフレーション後に宇宙を十分高い温度に加熱できるほど大きくなければならない。スローロールインフレーションでは，インフラトン場の値が変化することでVの値が変化すると説明したが，インフレーション後にビッグバンが起こった時点でVの値がちょうど0となる必然性はない。ところが，現在の宇宙膨張の速度H_0の値からは（$c = \hbar = 1$の単位系で）$V \lesssim (10^{-3}\,\mathrm{eV})^4$が要求される。この$10^{-3}\,\mathrm{eV}$というエネルギースケールは電磁相互作用や弱い相互作用が統一されるエネルギースケール$\sim 10^9\,\mathrm{eV}$などと比べるとはるかに小さい。このように小さなVの値を理論的に自然に導き出すことはきわめて難しい。なんらかの理論の対称性のおかげで$V = 0$になっているのではないかとさまざまなアイデアが提案されてきたが，成功をおさめなかった[3][*7]。Vが十分に小さくなる機構を説明するだけでも難しく，それが昔の意味での宇宙項問題であった。

　宇宙の加速膨張の発見にともなって生じた，新しい意味での宇宙項問題は，さらに，「どうして宇宙項が現在のエネルギー密度の7割を占めているのか」という問題である。宇宙定数は時間変化しないのに対して，ほかのエネルギー密度は宇宙膨張にともない減少する。そのため，時間が経てばほぼ100％宇宙項によって宇宙膨張が支配される。逆に，時間をさかのぼれば，宇宙項はまった

---

*7　理論が超対称性をもつと基底状態のエネルギーが0になるが，重力を含む理論に拡張した超対称性をもつ理論である超重力理論においては，もはや，この好ましい性質は失われている。

98　第7章　宇宙論的観測の精密化

く宇宙膨張に寄与しないと近似できる宇宙になる。この謎をめぐっては多くの
議論が現在も続いている。

■ 人間原理

人間原理というのは，人間のような知的生命体によって，ある種の宇宙が観測
される確率を議論する話である。量子力学の登場以降，物理学はある事象が起
こる確率を予言する学問であるといってもそれほど間違いではなくなった。ミ
クロな物理の世界を考えると，物理学が予言できることはつねに確率的であ
る。原子核などの粒子同士を衝突させた際の散乱過程も確率的にしか議論する
ことはできない。同じように衝突させたとしても，ときには散乱し，ときには
素通りする。そこで，宇宙を記述する理論に含まれるパラメーターである，物
理定数までも確率的に予言しようというのが，人間原理が扱う議論の少々大胆
なところである。

　しかも，たんに物理法則に従って確率を予言するというだけでなく，その確
率を計算するさいに，人間のような観測者が存在する確率の重みも考慮に入れ
ようという考え方である。簡単にいうと，ある物理定数が実現している確率を
求めるとき，

$$「観測確率」＝「先見的確率」×「観測者の数」 \tag{7.2}$$

を計算すべしという思想である。ここでは，われわれがもっとも興味のある宇
宙項を例として考えたい。その場合，「観測確率」というのは，宇宙定数が観
測者にとって，ある値Λであると観測される確率である。ここで，「先見的確
率」とは，初期宇宙のシナリオを考えたときΛの値をもった宇宙が生まれる確
率の理論値である。このとき，暗黙のうちに，われわれの宇宙以外にたくさん
の宇宙が存在しており，それらの宇宙がそれぞれにさまざまな宇宙定数の値を
実現していると考えている。「観測者の数」というのは，それぞれの宇宙定数
の値Λの宇宙において，宇宙定数の値を観測で決定できるだけの文明をもった
知的生命体がどれだけ存在するかという数である。なんとも，とらえどころの
ない量であるが，宇宙項に対する人間原理の応用では，比較的もっともらしい
仮定のもとにこれらの量が計算可能だと考えられる。

まず,「先見的確率」だが,超弦理論のような高次元時空が基本的であると予言する理論によって,根源的な物理法則が与えられていると仮定すると,われわれの認識するような4次元時空を実現する方法には無数の可能性があると示唆されている。いいかえると,宇宙を記述する基礎理論には無数の安定な真空が存在するということである。それらの安定な真空のそれぞれが,異なる宇宙定数の値をもっていても不思議ではない。もちろん,このような異なる真空が実現される確率分布を計算するための理論は完成していない。しかし,宇宙定数Λの値として,$\Lambda = 0$に近い非常に狭い範囲にのみ注目すると,Λの分布は一様分布であると予想するのがもっとも自然だろう。$\Lambda = 0$が特別であるなら,宇宙項問題を解く手がかりを得たことになるが,残念ながら,$\Lambda = 0$を特別視する理論的な根拠を見つけられずにいるのが現状である。逆に,$\Lambda = 0$が特別でない場合には,Λの分布が十分に滑らかでありさえすれば,Λの値の小さな範囲に着目すると確率分布は一様と見なしてよかろうという推論である。

つぎに,「観測者の数」だが,ひとまず,宇宙定数の値Λ以外はわれわれの宇宙と同じ物理定数が採用された宇宙にのみ着目する。そのような狭い了見をもたなければならない理由はないが,あらゆる可能性を考え始めると議論の収拾がつかなくなる。このような制限された枠組みで,「観測者」とはわれわれのようなものであろうとひとまず仮定する。われわれのような観測者というのは「星の子」であるという程度の意味である。つまり,銀河が形成され,恒星が生まれ,恒星の進化の中で重たい元素が合成され,生命の原料がつくられ,長い年月をかけてようやく生まれた知的生命体という意味である。その形状は空想上の火星人のような格好かもしれないし,炭素を主要な素材にしていない生物かもしれないが,そんな細かいことはとりあえず気にしない。そこまで開き直ると,多少の飛躍はあるが,「観測者の数」は活発に星形成を起こしている「立派な銀河の生成率」に比例しているとしてしまってよいだろうと思えてくる。「立派な銀河の生成率」が宇宙定数の値を変えたときにどう変化するかは,現在の天体物理学の知識をもってすれば,ある程度予測可能である。

まず,0に近い小さな宇宙定数は「立派な銀河の生成率」に影響を与えそうにない。しかし,宇宙定数Λの値が小さすぎて負になってしまったらどうだろうか。この場合には,フリードマン方程式の解は膨張から収縮に転じ,物質の密

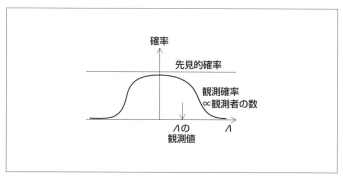

〈図7.4〉 人間原理にもとづく観測確率
観測確率は「先見的確率」×「観測者の数」で与えられる．ここでは，$\Lambda = 0$ 近傍の小さな領域に着目しているので，先見的確率は一様であるとし，観測者の数は「立派な銀河の生成率」で代用して考えた場合の模式図．

度が無限大となる特異点へと向かう．そのような宇宙では，立派な銀河を生成しているひまもなく終焉を迎えると考えられるため，「立派な銀河の生成率」は急速に0に向かう．一方で，宇宙定数 Λ の値が大きすぎる場合はどうか．この場合，宇宙は早い段階で宇宙項優勢となり，加速膨張を始める．こうなると，物質が互いの重力で引き合い集積するよりも，宇宙膨張によって引き離される効果が優勢になり，やはり，「立派な銀河の生成率」は急速に0に向かう．このように考えると，宇宙定数 Λ の値が十分に0に近くない限り，有意な大きさの「立派な銀河の生成率」を実現できないことがわかる．

「先見的確率」が一様ならば，「観測確率」は，たんに「観測者の数」∝「立派な銀河の生成率」で決定される．そうして得られる「観測確率」の分布は0のまわりにピークをもった，〈図7.4〉のような分布になる．この分布がどの程度広がったものになるかは，「立派な銀河」の定義のあいまいさのために不定性が残るが，ここに至って問題は，基礎物理学にもとづく宇宙モデルの構築の問題ではなく，知的生命体が生まれる条件は何かという総合科学的な問題に変貌してしまっている．この知的生命体が生まれる立派な銀河とは，われわれの住む天の川銀河程度の質量をもつ銀河であると仮定して，現在観測されている宇宙定数の値を書き込むならば，この模式的な図に示したようになる．天の川銀河よりも小規模の銀河にも星は生まれるが，超新星爆発を起こして重元素が星間

空間にまき散らされるさいに，銀河の重力ポテンシャルが浅いために脱出速度を越えてしまい，銀河の中に重元素が残らないだろうという推論が，立派な銀河を要求する根拠である。この図を見ると，現在の宇宙定数の値が不自然に0に近いという印象は受けないであろう。むしろ，0でない適当な大きさをもっていることが自然に思えてくる。

　以上の議論を踏まえたとき，宇宙定数の値が現在の値であることはそれほど不思議ではないという気分になる人もいれば，逆に，そのような議論をすれば何もかもを人間原理で説明できてしまうのではないかと考える人もいるかもしれない。たとえば，地球と太陽の距離がいまの値であるのは，近すぎても遠すぎても人間の生存には適さないだろうからという考えである。しかし，われわれはどのような知的生命体の形態が可能であるのかをよく理解しているとはいいがたい。したがって，地球と太陽の距離に関していえば，われわれは人間原理を適用するだけ自然法則を理解していないというほうが適切かもしれない。上の議論では宇宙定数以外の物理定数が"別の"宇宙においても同じであると仮定したが，その仮定を正当化する強い根拠はない。異なる真空では物理定数はそれぞれ違っていてよさそうだ。それでは，他の物理定数についても現在の値をとっている理由を人間原理ですべて説明できるのかと問われると，地球と太陽の間の距離以上にお手上げな状態であるといわざるを得ない。

▍まとめ

宇宙論的観測の精密化がおおいに進展しているが，一般相対論のほころびは現在のところ見つかってはいない。しかし，ダークマターや宇宙項などを必要とする標準的宇宙モデルに対して，皆が満足しているとはいいがたい。宇宙項問題の解決法として人間原理という離れ業があるが，この考え方を受け入れるか否かには学界でも賛否両論あるようだ。いずれにしても物理学の予言は確率論的であるという考えからは，人間原理という考え方を排除しなければならない理由はないようにも思われるが，その予言をどこまで信じてよいのかの判断はやはり難しく，われわれの手に負えない代物なのかもしれない。

人間原理の適用に伴うさまざまな疑問

人間原理にもとづく議論には，1つ大きな不満な点がある。宇宙定数
Λの値に関する「先見確率」の分布は一様分布と仮定するのが適当で
あろうと述べたが，この「先見確率」の分布を与える議論には，宇宙
論的測度問題とよばれる重大で，かつ，やや哲学的な問題点があるこ
とが指摘されている。初期宇宙にインフレーションが起こったとする
シナリオにおいては，インフレーションを起こしている状態からイン
フレーション終了後の状態への相転移が起こり，現在の宇宙が誕生し
たと説明した。さまざまに異なる真空が実現されるようなインフレー
ションモデルを考える限り，インフレーションが終了する空間領域が
存在しているとしても，宇宙のすべての領域でインフレーションが
いっせいに終了するわけではなく，インフレーションがいぜんとして
継続し加速膨張している領域が存在し続ける。このため，有限の領域
でインフレーションが始まったとしても，結果的にインフレーション
後に生成される宇宙の体積は無限大になってしまう。異なる真空にラ
ベルiをつけて，iでラベルされた真空が最終的に選ばれる体積をV_i
としよう。宇宙全体の体積をVとすれば，真空iが選ばれる「先見的確
率」は

$$「先見的確率」 = \frac{V_i}{V} \tag{7.3}$$

で与えられると考えるだろう。しかし，この右辺の分子と分母はとも
に発散しているために，この比は数学的にはうまく定義できていな
い。定義を与えるためには，有限の体積を切り出す方法を指定して，
右辺の比を計算したうえで，全体の体積を無限大に飛ばす極限をとる
べきであろう。しかし，問題点は，この有限の体積を切り出す方法に
この比が依存するという点である。したがって，物理学の基本法則を
観測と比較しようと考え，まじめに「先見的確率」を計算しようとす

ると，この原理的な問題に突き当たることになる。この問題に対する最終的な解答を与えることは，現在の物理学の枠組みを超えた問題であるのかもしれない。

また，宇宙項問題に対して人間原理を適用したさいに起こるパラドックスとして有名なものに，ボルツマン脳問題とよばれる問題がある。通常の物質と正の宇宙定数が存在する宇宙モデルを考える。このような宇宙モデルでは，通常の物質は薄まっていくために，最終的に正の宇宙定数が宇宙のエネルギー密度を卓越する。このような宇宙において，空間は指数関数的な膨張を永遠に続ける。その結果，さらに正の宇宙定数が卓越し，通常の物質は限りなく薄められる。そのような，通常の物質がほとんどない虚無の世界が時空全体に占める割合はわれわれに馴染みの深い物質が満ちている豊かな宇宙に比べると無限に大きいということになる。このような虚無の世界に知的生命体が存在する確率が完全に0であるならよいのだが，その確率は完全には0でないだろうというのだ。真空だと思っている虚無の時空領域であっても，量子力学が支配するこの世界においてはつねに零点振動というゆらぎが存在している。このゆらぎが，何の間違いか複雑な思考をして，自分のいる宇宙が宇宙項のある宇宙だと認識する「存在」が現れるかもしれない。その存在のことを統計力学の基礎を築いたボルツマンの名前をとって（ボルツマン分布の端の端で起こる現象という意味で使われたのだと思うが）ボルツマン脳とよぶ。ボルツマン脳の出現確率ははたして厳密に0だといえるだろうか。その確率はたしかに限りなく0に近いだろうが，もし，厳密に0でないのであれば，その確率に無限大の時空領域の大きさを掛けたとき，われわれとボルツマン脳のどちらが典型的な観測者であるかは明らかであろう。ボルツマン脳のほうが圧倒的な確率で典型的な観測者であるということになる。しかし，われわれはボルツマン脳ではないと確信している。そのように考えると永遠に正の宇宙定数が存在し続ける宇宙の存在は，物理法則に反していて，すべての安定な真空は0か負の宇宙定数をもつと結論されるべきなのかもしれない。この予言は超重力理論とよばれる超

対称性（ボソンとフェルミオンの間の入れ替えに対する対称性）を重力にまで拡張した理論の予言と奇妙に符号している。

参考文献

1) J. Silk: *Cosmic black body radiation and galaxy formation*, Astrophys. J. **151**(1968)459, doi:10.1086/149449

2) M. M. Phillips: *The absolute magnitudes of Type IA supernovae*, Astrophys. J. **413**(1993) L105, doi:10.1086/186970

3) 古いレビューだが，基本的なところは変わっていない。S. Weinberg: *The Cosmological Constant Problem*, Rev. Mod. Phys. **61**(1989)1, doi:10.1103/RevModPhys.61.1

―――――――――――――― 第 8 章 ――――――――――――――

ブラックホール時空

前章までは，太陽系の惑星の運行の問題のような弱い重力における検証のみならず，宇宙論的なシナリオの整合性の観点からも，一般相対論がいかに現実世界の重力をうまく記述するかを説明してきた。一般相対論の世界観を語るうえで，宇宙の始まりに関する問いと並んで，ブラックホール時空を語らずにはすまない。この章では，ブラックホールとは何かを解説する。

ブラックホールとは

相対論において光速はあらゆる情報が伝わる限界速度である。その光速をもってしても外部に情報を伝えることのできない領域のことをブラックホールとよぶ。ブラックホールからは光さえも抜け出せないのだ。

　ブラックホールを記述する一般相対論の解がはじめて見つけられたのは1915年12月のシュワルツシルト（K. Schwarzschild）によるシュワルツシルト解の発見[1]にさかのぼる。アインシュタイン方程式が公に発表されたのが，1915年の11月25日ということであるから，アインシュタインによる一般相対論の定式化とシュワルツシルトによる解の発見は同時並行で進行していたことになる。

　シュワルツシルト解は，アインシュタイン方程式の静的球対称な真空解である。真空解であるとは，$T_{\mu\nu} = 0$を満たす解，すなわち，$R_{\mu\nu} = 0$を満たす時空の計量を意味する。シュワルツシルト解を見つけるのはそれほど困難ではない。まず，球対称性から，計量を

$$ds^2 = -e^{\nu(r)}c^2 dt^2 + e^{\lambda(r)}dr^2 + r^2\left(d\theta^2 + \sin^2\theta\, d\varphi^2\right)$$

106 第8章 ブラックホール時空

の形に制限しても一般性は失われない[*1]。定義に従い，クリストッフェル記号を計算し，リッチテンソル $R_{\mu\nu}$ を計算すれば，$\nu(r)$ および，$\lambda(r)$ に対する方程式が得られる。それらを解くと，解は，

$$ds^2 = -c^2 \left(1 - \frac{r_g}{r}\right) dt^2 + \left(1 - \frac{r_g}{r}\right)^{-1} dr^2 + r^2 \left(d\theta^2 + \sin^2\theta \, d\varphi^2\right) \tag{8.1}$$

となる。ここで導入した定数 r_g はシュワルツシルト解の重力半径とよばれる。半径 r が大きい領域では，この解はミンコフスキー計量に近づく。計量テンソルの中で $O(r_g/r)$ までの項のみを残すと，第4章で議論した弱い重力場の計量，式(4.5)

$$ds^2 = -c^2 \left(1 + \frac{2\Phi}{c^2}\right) dt^2 + \left(1 - \frac{2\Phi}{c^2}\right) dx^2$$

において，$2\Phi/c^2 = -r_g/r$ としたものに一致する。重力質量 M の球対称物体がつくるニュートンポテンシャルは $\Phi = -G_N M/r$ となることから，重力半径 r_g は重力質量 M と $r_g = 2G_N M/c^2$ の関係にあることがわかる。

■ シュワルツシルト解の時空構造

解が与えられれば問題は解けたというのが，普通の物理の問題である。しかし，解が与えられただけでは少しもわかった気がしないのが一般相対論である。この解を理解するために，この時空中の光線の経路を考える。簡単のために，ここでは，$\theta = $ 一定，$\varphi = $ 一定となる純粋に動径方向の光子の軌道を考える。

[*1] 角度部分は球対称性から2次元球面の計量に限られる。角度方向 $d\theta$，$d\varphi$ とそれ以外の方向 dt や dr の混合成分である $dt \, d\theta$ に比例する項が存在すると，特別な角度方向が存在して，球対称性の仮定に矛盾する。また，$dt \, dr$ に比例する項があると，時間の向きを反転($t \to -t$)したときに符号が変わるので，未来向きと過去向きの区別が生じ，そのような時空を静的な時空とよばない。また，動径座標の座標変換の自由度を用いて(ほぼ)一般性を失わず $(d\theta^2 + \sin^2\theta \, d\varphi^2)$ の前の係数を r^2 とできる。$\nu(r)$ および，$\lambda(r)$ が r のみの関数であることも静的球対称の要請と理解できる。

また，$t = $ 一定，$r = $ 一定の2次元球面の計量が，$ds_{(2)}^2 = r^2(d\theta^2 + \sin^2\theta \, d\varphi^2)$ となり，その球面の円周が $2\pi r$ となることから，ここで用いた動径座標 r は円周半径とよばれる。

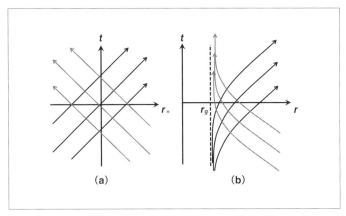

〈図8.1〉 シュワルツシルト時空中の外向き(黒実線)と内向き(灰色線)の光線の軌道
(a)が亀座標を用いた場合，(b)がもとの座標を用いた場合。

一般に光子の軌道を求めるには測地線方程式を解く必要があるが，いまの場合には，光線の軌道を$x^\mu(\lambda)$と表したとき，$dx^\mu/d\lambda$が光的であるという条件

$$0 = -c^2\left(1-\frac{r_g}{r}\right)\left(\frac{dt}{d\lambda}\right)^2 + \left(1-\frac{r_g}{r}\right)^{-1}\left(\frac{dr}{d\lambda}\right)^2$$

を考えるだけで十分である。ここから，λを消去して積分すると

$$c(t-t_0) = \pm\int^r dr\left(1-\frac{r_g}{r}\right)^{-1} = \pm\left(r + r_g\log\left(\frac{r}{r_g}-1\right)\right) \equiv \pm r_*(r)$$

を得る。ここで，最後の式で導入したr_*は亀座標(tortoise coordinate)とよばれる。積分定数として，$r_* = 0$となる時刻をt_0とした。ここで導入した亀座標は，もとの動径座標と同様に$r \to \infty$で$r_* \to \infty$となるが，$r \to r_g$で$r_* \to -\infty$となる点は円周半径rと大きく異なる。〈図8.1a〉に示したように亀座標における光子の軌道はたんに傾き45度の直線である。ここから，亀座標の$r_* \to -\infty$に到達するには$t \to \mp\infty$まで軌道を延長しなければならないことが読みとれる。$r_* \to -\infty$は$r \to r_g$であるから，もとの座標で見ると軌道は〈図8.1b〉のようになり，有限の時刻tでは$r = r_g$に到達できない。

108 第8章 ブラックホール時空

　それでは，$r \to r_g$に近づく光線は$r = r_g$の面を横切らないのかというと，話は単純ではない。$r = r_g$ではシュワルツシルト計量の共変tt成分は0で，共変rr成分は発散し，計量が特異性をもつ。以下に，この計量の特異性が座標の選び方に依存した見かけの特異性であり，光線が$r = r_g$の面を横切ることができることを説明する。まず，

$$v = ct + r_*　\tag{8.2}$$

という新しい座標を導入する。〈図8.1a〉における内向きの光線の軌道は$v = $一定の直線に対応する。すなわち，$v$は異なる内向きの光線をラベルする座標である。シュワルツシルトの時間座標tの代わりにこの座標vを用いて計量を表す。式(8.2)の微分$d(ct) = dv - (1 - r_g/r)^{-1}dr$を式(8.1)に代入して，

$$ds^2 = -\left(1 - \frac{r_g}{r}\right)dv^2 + 2dv\,dr + r^2\left(d\theta^2 + \sin^2\theta\,d\varphi^2\right)　\tag{8.3}$$

を得る。この座標をエディントン-フィンケルシュタイン（Eddington-Finkelstein）座標（EF座標）という。この座標で書くと，シュワルツシルト計量と異なり，計量は有限のvに対して$r \approx r_g$付近で何の特異性ももたない[*2]。このEF座標で書かれた計量に特異性が現れるのは$r = 0$のみである。$r = 0$の点で曲率テンソルを計算すると（正確にはたとえば$R^{\mu\nu\rho\sigma}R_{\mu\nu\rho\sigma}$を計算すると）発散しており，真の意味での特異点である。一方で，EF座標で見ると，内向きの光線に沿って（すなわち，$v = $一定に沿って）$r = r_g$に到達する限り，$r = r_g$における時空の特異性はない。逆に外向きの光線をラベルする座標である$u = ct - r_*$を用いて，同様の議論をくり返せば，外向きの光線に沿って時間をさかのぼり，$r = r_g$に到達した場合にも時空の特異性がないことが示される。

　横軸をrとして，縦軸を$v-r$として，外向き，内向きの光子の軌道を図示すると，〈図8.2〉のようになる。内向きの光子の軌道は，$v = $一定であるので斜

[*2]　実際，$v = (T + R)/2$，$r = (T - R)/2$という座標を導入すれば，$r \approx r_g$においては
$$ds^2 \approx 2dv\,dr + r_g^2(d\theta^2 + \sin^2\theta\,d\varphi^2) = -dT^2 + dR^2 + r_g^2(d\theta^2 + \sin^2\theta\,d\varphi^2)$$
となり，これは2次元ミンコフスキー時空と球面の直積空間にすぎない。

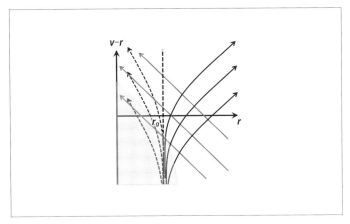

〈図8.2〉 光線の軌道を v-r, r の座標で書いた図
破線は重力半径内における，外部での内向きの光線につながっている軌道とは異なるもう1つの軌道。網掛け部分は星の重力崩壊を考えたさいに，もはやシュワルツシルト解では表されない領域。

め45度の直線となる。この軌道は不都合なく $r = r_g$ を通過し，$r < r_g$ の領域に侵入できる。シュワルツシルト座標では $r = r_g$ で $t \to \infty$ となるために，$r = r_g$ を越えた領域の軌道を記述できないが，式(8.3)のEF座標ではそれが可能である。一方，外向きの光子の軌道は，$u = v - 2r_* = $ 一定となることから，$r \to r_g$ において $v \to -\infty$ となる。こちらの軌道に関してはシュワルツシルト座標での〈図8.1b〉の状況と同じである。このことはEF座標も完全ではなく，外向きの光子の軌道に沿って無限にさかのぼろうとしても，$t \to -\infty$ を越えた領域を記述できないことを意味する。

シュワルツシルト解の事象の地平線と地平線内部の非定常性

$\theta = $ 一定，$\varphi = $ 一定に沿った光線には，一般に内向きと外向きの2方向が存在する。〈図8.2〉に示された $r < r_g$ の領域においても，逆向きの光子の軌道を考えることができる。$ds = 0$ を解くことで軌道は

$$v = 2\left(r + r_g \log\left(1 - \frac{r}{r_g}\right)\right)$$

110 第8章 ブラックホール時空

となり，〈図8.2〉に破線で示したような曲線になる。$r < r_g$の領域における逆
方向に進む光線も$r = r_g$に近づく方向へは進むことができない。奇妙に思うか
もしれないが，式(8.3)の計量で$r =$一定として得られる3次元面の計量（$dr =$
0とおくだけだが，再び書くと）

$$ds^2_{r=-\text{定}} = -\left(1 - \frac{r_g}{r}\right)dv^2 + r^2\left(d\theta^2 + \sin^2\theta\, d\varphi^2\right)$$

を考えるとすぐに合点がいく。$r > r_g$の領域ではこの3次元計量のvv成分 $g_{vv} = -(1 - r_g/r)$は負である。つまり，v方向は時間的である。一方で，$r < r_g$の領
域ではg_{vv}もほかの成分と同様に正となり，$r =$一定面の線素は完全に空間的に
なる。これは$r < r_g$の領域ではrが時間座標であることを意味する。時間の進
む向きがrの減少する向きであるため，$r < r_g$の領域において$r = r_g$へ向かう光
線は存在できないのである。以上から$r = r_g$の3次元面が光さえも外に出るこ
とのできない一方通行の面であることがわかった。このような面を事象の地平
線という。この事象の地平線の内部が最初に定義したブラックホールである。

　おもしろいことに，rは動径座標，すなわち空間座標のつもりであったのに，
$r < r_g$の領域ではrが時間座標になっている。このため，計量は時間に依存する。
そして，この領域内の軌道はすべて，やがて$r = 0$の特異点に到達することを
免れることはできない。少し数学的になるが，第4章に導入した対称性を表す
ベクトル，キリングベクトル$\partial x^\mu/\partial t$を考えてみる。ブラックホール外部では
キリングベクトルが時間的であり，その存在が時空の定常性を保証する。これ
に対して，内部ではキリングベクトルは空間的となり，対称性の存在が定常性
を意味しない。

　上で見たように，$r =$一定の面は$r > r_g$においては時間的（時間方向を1つも
つ），$r < r_g$においては空間的（時間方向をもたない）である。2つの領域の境で
ある$r = r_g$では$r =$一定面の計量は2次元に縮退しており，この場合を光的とよ
ぶ。一般に，光的な面は一方通行の面になるが，ブラックホールでなくても光
的な面を考えることはできる。〈図8.3〉に示したようにミンコフスキー空間で
$r = t\,(t > 0)$の面（これを面Aとする）を考えると光的な面である。同じ図にこ
の面A上の一点から広がる未来向きの光円錐を示したが，この光円錐が面Aの

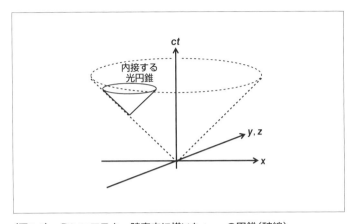

〈図8.3〉 ミンコフスキー時空内に描いた $t = r$ の円錐（破線）
円錐上の1点からの光円錐（実線）は，この円錐に内接しており，未来向きの光は破線の円錐の外には出られない。

内側に留まることから，この面Aが一方通行であることがわかる。しかし，この面Aをブラックホールとはよばない。なぜなら，この面Aの円周半径は時間とともに増大し，いずれ $r = \infty$ に達するからである。ブラックホールの場合には一方通行となる面の円周半径が際限なく増大はしない。したがって，ブラックホール内部で起こった事象は $r = \infty$ の観測者によって観測されない。

ブラックホールに突入する宇宙船

ここでは，ブラックホール時空の理解を深めるために，ブラックホールに自由落下する宇宙船が，遠方の観測者からどう見えるかという問題を考察する。EF座標を用いると，重力半径 $r = r_g$ を未来向きに横切るさいに，計量の縮退や，曲率の発散といった特別なことは何も起きないことがわかる。したがって，宇宙船の乗組員からすると，有限の固有時間内に宇宙船は何事もなく重力半径を横切ることが可能である。宇宙船からは外に向けて乗組員にとって一定の振動数の光を放出し続けているとしよう。はたして，この信号は遠方の観測者にとって，どう見えるだろうか。

自由落下する宇宙船の4元速度を $u^\mu(r)$ と動径座標 r の関数として表す。宇宙船が測地線に沿って落下しているなら，第4章で説明したように4元速度と

112 第8章 ブラックホール時空

キリングベクトル $\hat{t}^\mu \equiv \partial x^\mu / \partial t$ を縮約したもの $u_t \equiv \hat{t}^\mu u_\mu$ は一定となる。動径方向の運動に限れば，固有時間の規格化条件

$$-c^2 = g_{\mu\nu} u^\mu u^\nu = -c^{-2}\left(1-\frac{r_g}{r}\right)^{-1} u_t^2 + \left(1-\frac{r_g}{r}\right)^{-1}\left(u^r\right)^2$$

を解くだけで，

$$u^r = -c\sqrt{c^{-4}u_t^2 - \left(1-\frac{r_g}{r}\right)}$$

と求まる。簡単のために，$r=\infty$ での宇宙船の速度 $u^r(r=\infty)$ が0となるように，$-c^{-2}u_t = 1$ と選ぶ。つぎに，半径 $r=r_e$ を宇宙船が通過するあたりで，外向きに発せられた光の波数ベクトルを $k^\mu(r, r_e)$ とすると，同様に，$k_t \equiv \hat{t}^\mu k_\mu$ は r に関して一定となり，$g_{\mu\nu}k^\mu k^\nu = 0$ からは $k^r = -c^{-1}k_t(r_e)$ と求まる。ここで，$\omega \equiv -u_\mu(r_e)k^\mu(r_e, r_e)$ という量を考える。この量は添字が完全に縮約されているので，座標系の選び方に依存しないスカラー量である。宇宙船とともに動く座標系で考えると，ω は波数ベクトルの下付き時間成分であるが，これは宇宙船の乗組員から見た光の（角）振動数にほかならない[*3]。ω は

$$\omega \equiv -\left(1-\frac{r_g}{r_e}\right)^{-1}\left[-c^{-2}u_t k_t + u^r k^r\right] = \left(1-\frac{r_g}{r_e}\right)^{-1}\left(1+\sqrt{\frac{r_g}{r_e}}\right)\left|k_t(r_e)\right|$$

と簡単に計算できる。乗組員から見た光の振動数 ω が一定であるとすると，上式を逆に解いて

$$\left|k_t(r_e)\right| = \left(1-\sqrt{\frac{r_g}{r_e}}\right)\omega \tag{8.4}$$

[*3]　局所慣性系における波数ベクトル k_μ をもつ平面波は $\propto \exp(ik_\mu x^\mu)$ のように与えられる。空間座標一定とすると，この平面波は $\propto \exp(-ik_t t)$ と振動するので，振動数は $k_t/2\pi$ となる。2π を除いたものを角振動数として区別するが，ここでは細かい区別はしないことにする。

となる。十分に遠方で一定の半径rに静止した観測者にとって，この光の振動数はシュワルツシルト座標での光の波数ベクトルの下付きt成分であるので，$|k_t(r_e)|$にほかならない。式（8.4）は宇宙船からの光の振動数は，遠方の観測者にとって宇宙船が重力半径に近づく極限では$(r_e - r_g)$に比例して小さくなる（重力赤方偏移の効果と宇宙船の速度によるドップラー効果がそれぞれ$\sqrt{r_e - r_g}$の寄与を与えている）。このため，宇宙船の乗組員にとって，重力半径を通過するまでの時間は有限であるが，遠方の観測者からは永遠に信号が出続けていても矛盾ではない。実際には，波長の長い光はエネルギーが低いので，やがて遠方の観測者から宇宙船の信号は観測されなくなる。

現実のブラックホール

実際に，現実世界にブラックホールは存在するのかが疑問になると思うが，観測的にはブラックホールは存在するとされる。それらは，太陽質量の数倍から数十倍程度の恒星質量ブラックホールとよばれるものと，太陽質量の$10^6 \sim 10^9$倍程度の超巨大ブラックホールの2種類に大別される。恒星質量ブラックホールは大質量星が核反応を終えて圧力が下がり，重力崩壊して生まれたと考えられる。超巨大ブラックホールについては，より小さなブラックホール同士の合体とガスの降着をくり返して成長したと考えられるが，その形成過程には依然多くの謎がある。

　先に述べたように，EF座標も$t \to -\infty$を越えた領域を記述することができない点で完全ではなかった（$t \to -\infty$を越えた領域と$t \to +\infty$を越えた領域を同時に記述できる座標も存在するが，話が長くなるのでここでは触れない）。しかし，現実に存在するブラックホールは宇宙の始まりと同時に存在していたというわけではなく，$t \to -\infty$を越えた領域に物理的意味がないと考えれば，EF座標でも満足である（第6章に解説したインフレーション宇宙モデルを考えれば，たとえブラックホールが宇宙の始めから存在したとしても，宇宙の加速膨張でその密度が薄まり，われわれの観測できる範囲に存在するとは期待できない）。星が崩壊してブラックホールが形成されるという過程を考えると，実際には〈図8.2〉に網掛けをした崩壊する星の内部領域には物質が詰まっていてシュワルツシルト解ではない。このとき，$t \to -\infty$の遠い過去の領域の時空構造はブ

ラックホールとは関係のない，崩壊前の星の解になるべきである。したがって，ブラックホール時空に特有の$t \to -\infty$を越えた領域も現実には存在しないのである。

水星の近日点移動

第4章で解説した，アインシュタインが提案した一般相対論の3つの検証の中で，水星の近日点移動の導出は後回しにした。後回しにした理由は，ここで紹介したシュワルツシルト解を利用したかったからである。太陽系の衛星の運動の話をするのに，ブラックホール解は必要ないと思うかもしれないが，球対称真空解は（静的という仮定を外しても）シュワルツシルト解に限られる（バーコフの定理）。そのため，球対称な星のつくる星の外部の計量もシュワルツシルト解で与えられる。そこで，近日点移動を調べるためにシュワルツシルト時空中の粒子の運動を考える。

　球対称性から，粒子の運動は赤道面上（$\theta = \pi/2$）に限っても一般性は失わない。さらに，計量がtやφに依存していないので，$\hat{t}^\mu \equiv \partial x^\mu / \partial t$や$\hat{\varphi}^\mu \equiv \partial x^\mu / \partial \varphi$はキリングベクトルであり，粒子の4元速度$dx^\mu / d\tau$とキリングベクトルの縮約

$$e \equiv -c^{-1}\hat{t}_\mu \frac{dx^\mu}{d\tau} = \left(1 - \frac{r_g}{r}\right)\frac{d(ct)}{d\tau}, \qquad l_z \equiv \hat{\varphi}_\mu \frac{dx^\mu}{d\tau} = r^2 \frac{d\varphi}{d\tau}$$

はそれぞれ運動に沿って一定となる。これらの2式を4元速度の規格化条件$-c^2 = g_{\mu\nu}(dx^\mu/d\tau)(dx^\nu/d\tau)$に代入すると

$$-c^2 = \left(1 - \frac{r_g}{r}\right)^{-1}\left[-e^2 + \left(\frac{dr}{d\tau}\right)^2\right] + \frac{l_z^2}{r^2} \tag{8.5}$$

が得られる。ここから，$u \equiv 1/r$を角度座標φで書いた方程式

$$\left(\frac{du}{d\varphi}\right)^2 = \frac{1}{r^4}\left(\frac{dr}{d\tau}\right)^2 \bigg/ \left(\frac{d\varphi}{d\tau}\right)^2 = \frac{e^2}{l_z^2} + (r_g u - 1)\left(u^2 + \frac{c^2}{l_z^2}\right) = F(u) \tag{8.6}$$

を得る。$F(u) \geq 0$となる領域が許される運動の範囲である。$u = u_0$となる円軌道まわりの振幅εの微小振動を考えると，運動の範囲は$u_0 - \varepsilon$から$u_0 + \varepsilon$の範

囲に限られる。このとき,

$$F\left(u\right) = -\left(\frac{-F''\left(u_0\right)}{2}\right)\left(u - u_0 + \varepsilon\right)\left(u - u_0 - \varepsilon\right) + O\left[\left(u - u_0\right)^3\right]$$

のように展開できる。この展開形を用いて,式(8.6)の方程式を動径方向の1周期にわたって積分すると,

$$\int d\varphi \approx \frac{2}{\sqrt{-F''\left(u_0\right)/2}} \int_{u_0-\varepsilon}^{u_0+\varepsilon} \frac{du}{\sqrt{-\left(u - u_0 + \varepsilon\right)\left(u - u_0 + \varepsilon\right)}} = \frac{2\pi}{\sqrt{-F''\left(u_0\right)/2}} \tag{8.7}$$

と近似的に積分できる。最後に,$1/\sqrt{-F''\left(u_0\right)/2} = 1/\sqrt{1 - 3u_0 r_g} \approx 1 + (3r_g/2r_0)$ と計算する。ここで最後の近似の等号ではu_0に対応したもとの動径座標を$r_0 = 1/u_0$とし,十分重力が弱いとした近似$r_g/r_0 \ll 1$を用いて展開した。式(8.7)からは動径方向に1周期振動する間にφ方向には2πではなく$3\pi r_g/r_0$だけ余分に回転するということがわかる。これが一般相対論の効果による近日点移動である。

また,式(8.5)を$(dr/d\tau)^2$について解くと

$$\left(\frac{dr}{cd\tau}\right)^2 = \left(\frac{e^2}{c^2} - 1\right) - V\left(r, l_z\right)$$

となり,$V(r, l_z)$は

$$V\left(r, l_z\right) = -\frac{r_g}{r} + \left(1 - \frac{r_g}{r}\right)\frac{l_z^2}{c^2 r^2}$$

と与えられる。この式はポテンシャルが$V(r, l_z)$で与えられるときの,粒子の1次元的運動の式と同じである。$V(r, l_z)$を図示して見ると〈図8.4〉のようになる。$l_z^2/c^2 r_g^2 > 3$の範囲ではポテンシャルに極小値と極大値が現れる。このとき,極小値に留まる安定な軌道が存在する。これはrが一定の軌道であるので円軌道に対応している。極大値においてもrが一定に留まることは可能であるが,この場合には山の頂上に絶妙のバランスで留まっている状況であるので,不安定である。$l_z^2/c^2 r_g^2 = 3$では極小値と極大値が一致する。このときの円軌道の半

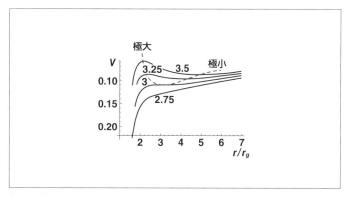

〈図8.4〉 シュワルツシルト時空中の粒子運動のポテンシャル
シュワルツシルト時空中の粒子運動のポテンシャルをl_z^2/c^2の値が2.75, 3, 3.25, 3.5の場合に記した。$l_z^2/c^2 < 3$の場合には極大と極小がなくなる。

径は$3r_g = 6G_{\rm N}M/c^2$である。シュワルツシルトブラックホールのまわりに，これ以上内側には安定な円軌道が存在しないので，この軌道を最内縁安定円軌道とよばれる。ブラックホールにまわりから物質の降着が起こり，降着円盤が形成されるさいには，この最内縁安定円軌道が降着円盤の最内縁におおよそ対応すると考えられる。

まとめ

重力源が小さな領域に収縮したとき，ブラックホールという一方通行の穴が時空に開くことを一般相対論は予言する。このブラックホールの内部には曲率の発散する特異点が一般に生まれる。この特異点を越えて時空の時間発展を予言することは一般相対論の枠内ではできない。その意味で，特異点では理論が破たんする。しかし，つねに特異点は事象の地平線に隠されてブラックホール外部の観測者からは見えず，破たんが顕在化しないのではないかと考えられている。

まとめ　　*117*

宇宙検閲官仮説

　曲率が発散するなどの理由で，その後の時間発展を方程式を解くことで決定できなくなるような時空点を時空の特異点とよぶ。時空の特異点の出現は考えている理論の不完全性を意味するととらえるのが自然だろう。一般相対論という理論には，特異点の出現を自動的に避ける機構は備わっておらず，実際，シュワルツシルト解の $r=0$ の点は曲率が発散する時空の特異点である。

　一般相対論の枠内で特異点が発生しても，本当はより基本的な理論が存在し，特異点の発生後の宇宙も存在し続けるという考え方がある。この立場からは，特異点の出現は喜ばしいことである。もし，一般相対論で考えると特異点が出現する状況を観測できるなら，未知の物理法則がそこに出現するのを観測できることになる。このような可能性があるほうが物理の広がりとしては夢がある。

　人類は，根源的な物理法則を探ろうと極微の世界を探究してきた。原子は原子核と電子から，その原子核は陽子と中性子から構成されており，陽子や中性子はクォークに分解される。このようにつぎつぎと，より根源的な構成要素を見いだす目的で，高エネルギー粒子の衝突実験を重ねてきたのである。高いエネルギーは短い波長を意味するため，より微細な構造を明らかにするには，より高いエネルギーが必要だという理屈になる。この理屈でいけば，曲率が発散する特異点が生成できるなら，一気にこれまで人類が到達したこともない世界を観察することが可能になる。

　このような夢を打ち砕く，ペンローズ（R. Penrose）によって提唱された宇宙検閲官仮説とよばれる仮説がある。この仮説には強いバージョンと弱いバージョンが存在し，強いバージョンの宇宙検閲官仮説は時空特異点は3次元の面状に広がり，その3次元面は空間的（垂直なベクトルが時間方向を向いている）であるか光的（垂直なベクトル n^μ のノルム $n^\mu n_\mu$ が0となる）であり，決して時間的な面にはならないと

いう仮説である。この場合に，特異点が時間発展の終焉を意味すると解釈すると，いかなる観測者も自身が特異点に突入する最後の一瞬を除いて，特異点を観察することができないことになる。弱いバージョンの宇宙検閲官仮説では，ブラックホール外部に居続ける観測者にとって時空特異点が観測不可能であるということを主張する。弱いバージョンは，われわれのような分別をもった観測者は，ブラックホールの中に飛び込むことなど考えない。たとえ，ブラックホールに飛び込んで特異点を観測しようとする命知らずの輩がいたとしても，彼が見たものを遠方にいるわれわれは知るすべがないのである。

　この仮説に反例があるか否かという議論がしばしばなされるのだが，実際に，宇宙検閲官仮説の反例となる解を得ることは可能である。典型的な例が球対称ダスト崩壊で，初期に静止したダストの動径方向の密度分布を適当に選ぶと，中心に時間的な特異点が現れる解がつくれる。ここで時間的とは，周囲の観測者がこの特異点を観測できるということだ。このように観測可能な特異点のことを裸の特異点とよぶ。裸の特異点が事象の地平線の向こう側に隠されていない状況を表す解もつくることが可能で，その場合，弱いバージョンの宇宙検閲官仮説も破れている。宇宙検閲官仮説を救い，一般相対論の予言可能性が破綻するときは宇宙の終焉を意味するのだと主張する立場に立とうとすると，この球対称ダストという状況は実際には起こらない非物理的な状況設定だと主張しなければならないことになる。実際，圧力が完全に無視できるダスト物質という近似は現実の物質には当てはまらない。しかし，多少の圧力を考慮しても裸の特異点の出現は避けられないことが知られている。一方で，非球対称性を考慮すると話は違ってくる。わずかな球対称からのずれも特異点形成に向かって増幅されてゆくために，小さな摂動として取り扱えなくなることが知られている。そういう意味で現実的な状況では宇宙検閲官仮説は成り立っているのかもしれない。

　この問題を少し深く考えてみると，問題として成立しているのか少々怪しく思えてくるところがある。なぜなら，特異点がひとたび発

まとめ　　*119*

生したなら，最初に発生した特異点から因果的に結びついた未来の領域（その特異点から未来向きの時間的，または，光的な曲線で結ぶことのできる領域）は，特異点の定義により，そもそも理論による予測が不可能な領域である。上記の球対称重力崩壊では特異点が周囲の観測者から見えると書いたが，これには球対称性ということが非常に重要な役割を果たしているように思われる。というのは，球対称真空解に限ってアインシュタイン方程式の解を求めるとシュワルツシルト解しか存在しない（バーコフの定理）という事実がある。このことは，球対称時空に制限すると，重力場の動的な自由度が存在しないことを意味している。$r = 0$ の中心で特異点が形成されても重力の自由度としてはそれが外に伝わらないのである。加えて，考えている物質はダストである。圧力を完全に無視する極限で，物質が情報を伝達する速度は0になる。したがって，球対称ダスト崩壊では外側に向かって情報を伝播する手段がないのである。しかし，外に光速で情報を伝播する手段が存在しないという特殊な状況は，球対称性をとり除くと，とたんに壊れてしまう。はたして，われわれは時空特異点に近い極限状態を観測することが原理的に可能なのだろうか？

参考文献

1) 論文の発表は1916年だが，最初にアインシュタイン宛てに原稿が送られたのは1915年の 12 月。K. Schwarzschild: *Über das Gravitationsfeld eines Massenpunktes nach der Einsteinschen Theorie*, Sitzungsberichte der Königlich-Preussischen Akademie der Wissenschaften, Sitzung, **3**(1916) S. 189-196; 英訳は，*On the Gravitational Field of a Mass Point according to Einstein's Theory*, Sitzungsber. Preuss. Akad. Wiss. Berlin(Math. Phys.) **1916**(1916) 189-196.

—————————— 第 9 章 ——————————

重力波とは

一般相対論の予言はことごとく実証されてきた。太陽系の天体運動しかり，宇宙論モデルしかりである。一般相対論から予言される事象の地平線をもつブラックホールの存在は完全に確認されたといえないが，次章に記述するようにその存在はほぼ確実と見なされている。さらに，一般相対論の予言として特筆すべきものに重力波の存在があり，2015 年 9 月 14 日に初検出された。この重力の波は電磁気力を媒介する電場や磁場の波である電磁波の重力版に相当するものだが，ニュートン重力には存在しない。

▌ 電磁波と重力波の類推

電場や磁場の波である電磁波は，電波であったり光であったりとわれわれになじみ深い。レントゲンでおなじみの X 線も電磁波の一種である。よび名が違うのは波の波長が異なるために，物質との相互作用の様相が異なって見えるからだが，電場や磁場が波となって伝わるという本質は同じである。（媒質中では遅くなるが）真空中を電磁波が伝わる速度は光速 c である。光速はあらゆるものの限界速度であったが，電磁波の伝わる速度が光速になることは電磁気学がローレンツ不変な理論であることの現れであるとも理解できる。電磁場テンソル $F_{\mu\nu}(x)$ は[*1]ベクトルポテンシャル $A_\mu(x)$ によって $F_{\mu\nu} = A_{\nu,\mu} - A_{\mu,\nu}$ と記述される。任意のスカラー関数 Λ を用いて，ベクトルポテンシャルを $A_\mu \to A_\mu - \Lambda_{,\mu}$ と変換しても $F_{\mu\nu}$ が不変であるので，ベクトルポテンシャルの選び方にはこの関数 Λ の自由度がある。このような自由度をゲージ自由度とよぶ。この自由度を用いて $A^\mu{}_{;\mu} = 0$ と選ぶと，ミンコフスキー時空中でのマクスウェル方程式，$F_{\mu\nu}{}^{;\mu} = j_\nu$（ここでは，真空の透磁率を 1 とした）は

122　第9章　重力波とは

$$\left(-\frac{\partial^2}{c^2\partial t^2}+\Delta\right)A_\mu = j_\mu \tag{9.1}$$

となる。ここで，j_μ は4元電流ベクトル（空間成分は普通の電流を，時間成分は電荷密度を表す），$\Delta \equiv \partial_x^2 + \partial_y^2 + \partial_z^2$ はラプラス演算子である。x 方向に伝わる波を考えると，f_μ を任意関数として，

$$A_\mu = f_\mu(x-ct) \tag{9.2}$$

と，式(9.1)の解を得る。これが解であることは，f_μ'' を関数 f_μ の2階導関数として，

$$\partial_t^2 f_\mu(x-ct) = c^2 f_\mu''(x-ct) = c^2 \partial_x^2 f_\mu(x-ct)$$

となることで，すぐに確かめられる。時刻 t_1 と t_2 におけるこの解の波形を比較すると，x 方向に $c(t_2-t_1)$ だけ移動しただけの違いしかない。このことは，この解が x 方向に伝播する波からのみなり，その伝播速度が光速 c であることを表している。

　同様の波が一般相対論で記述される時空のダイナミクスにも存在することを理解するには，第4章で弱い重力の近似で求めた方程式

$$\left(-\frac{\partial^2}{c^2\partial t^2}+\Delta\right)\psi_{\mu\nu} = -\frac{16\pi G_N}{c^4}T_{\mu\nu} \tag{4.3}$$

を思い出せばよい。ここで，$\psi_{\mu\nu}$ は計量のミンコフスキー時空からの摂動 $h_{\mu\nu}$ と

---

*1　$F_{\mu\nu}$ は定義から明らかなように反対称（$F_{\mu\nu}=-F_{\nu\mu}$）テンソルである。よりなじみ深いと思われる電場 $\boldsymbol{E}$ や磁場 $\boldsymbol{B}$ によって具体的な成分は以下のとおり。

$$F_{\mu\nu} = \begin{pmatrix} 0 & E_x/c & E_y/c & E_z/c \\ -E_x/c & 0 & -B_z & B_y \\ -E_y/c & B_z & 0 & -B_x \\ -E_z/c & -B_y & B_x & 0 \end{pmatrix}$$

電磁波と重力波の類推　　123

$$\psi_{\mu\nu} \equiv h_{\mu\nu} - \left(\frac{h}{2}\right)\eta_{\mu\nu} \tag{9.3}$$

と関係づけられる量であった。また，（4.3）の方程式を得るにあたり，われわれは座標条件

$$\psi^{\mu}_{\ \nu,\mu} = 0 \tag{9.4}$$

を課した。式（4.3）は添字の数が2つと1つの違いを除き式（9.1）とまったく同じ形である。真空中では，式（4.3）右辺のエネルギー運動量テンソルは0であるので，重力の摂動に対しても電磁波と同じように任意の$f_{\mu\nu}$に対して，

$$\psi_{\mu\nu} = f_{\mu\nu}(x - ct)$$

が解となる。この光速cで伝播する波が第7章にも登場した重力波である。

　　重力波はニュートン重力には存在しない。第4章に解説したように，ニュートン重力は一般相対論から弱い重力を仮定し線形近似をしたうえで，さらに重力場の変化がゆっくりであると近似して得られる。重力場の変化がゆっくりであるとする近似は，すなわち，式（4.3）において時間微分を無視する近似である。光速で伝播する解は時間微分の項と空間微分の項がバランスすることで解となるので，ニュートン近似では解にならない。

　　単一振動数の波を考えると，電磁波は〈図9.1〉のように電場や磁場がたがい違いに入れ変わる波としてとらえられる。それでは，重力波では何が波として伝わっているのか？　第2章に等価原理の説明をした。時空は局所的に見ればいつでもミンコフスキー時空と見なすことができるので，本当に局所的に見ると何も伝わるものはなさそうに見える。しかし，少し広がった領域を考えると時空の曲率が見えてくる。時空の各点において座標変換を行うことで，変換後の座標（バー付きで表すことにする）における計量テンソルを$\bar{g}_{\mu\nu} = \eta_{\mu\nu} + O(\Delta\bar{x}^2)$の形にすることができた（ここで，$\Delta\bar{x}$は着目している点からの距離である）。このように局所的にミンコフスキー時空に近い，変換後の座標系を局所慣性系とよんだ。上式に現れる$O(\Delta\bar{x}^2)$の項は100成分あるが，そのうち80成分は座標変換で消すことが可能で，消すことのできない20成分が曲率テンソルの自

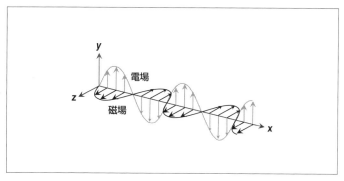

〈図9.1〉 単一振動数の電磁波の伝播の様子

由度であると解説したのは第3章であった。この曲率，すなわち，時空のゆがみが波となって伝わるものが重力波である。

重力波中の物質の運動

それでは，この曲率の波は観測者にはどのように検出されるだろうか。このことを考えるうえで，最初から局所慣性系で考えるのはあまり得策でない。まず，平面重力波が式 (9.4) の座標条件を課してもなお残っている座標変換の自由度を用いて

$$\psi_{\mu\nu} = h_{\mu\nu} = \begin{pmatrix} 0 & 0 & 0 & 0 \\ 0 & 0 & 0 & 0 \\ 0 & 0 & h_+(x-ct) & h_\times(x-ct) \\ 0 & 0 & h_\times(x-ct) & -h_+(x-ct) \end{pmatrix} \tag{9.5}$$

の形に書けることを理解しよう。ここで，行列は (t, x, y, z) の順で成分表示した。まずは，ミンコフスキー時空に平面重力波の摂動が加わった時空

$$\eta_{\mu\nu} + \varepsilon h'_{\mu\nu}$$

を出発点とする（以下ではダッシュは微分ではないことに注意）。ここでは摂動の微小パラメーター ε をあらわに書くことにする。この出発点では，式 (9.4) の4成分の条件が課されているのみであるので，10成分の $h'_{\mu\nu}$ のうち6成分ま

でを独立に与えることができる。しかし，上式(9.5)ではh_+と$h_\times$で特徴づけられる2つの成分だけになっている。このような座標変換が可能であることを示す。

ダッシュ付きの系とダッシュなしの系を結ぶ座標変換$x'^\mu = x^\mu + \varepsilon \xi^\mu(x)$を考える。このような微小な座標変換は第3章でも解説したが，ここでは，無限小世界間隔の自乗$\mathrm{d}s^2$がスカラーであるという基礎に立ち返り，座標変換で計量の摂動がどう変化するかを導こう。$\mathrm{d}s^2$を以下のように

$$
\begin{aligned}
\left(\eta_{\mu\nu} + \varepsilon h'_{\mu\nu}\right)\mathrm{d}x'^\mu \mathrm{d}x'^\nu &= \left(\eta_{\mu\nu} + \varepsilon h'_{\mu\nu}\right)\left(\delta^\mu_{\ \rho} + \varepsilon \xi^\mu_{\ ,\rho}\right)\left(\delta^\nu_{\ \sigma} + \varepsilon \xi^\nu_{\ ,\sigma}\right)\mathrm{d}x^\rho \mathrm{d}x^\sigma \\
&= \left(\eta_{\rho\sigma} + \varepsilon\left(h'_{\rho\sigma} + \eta_{\mu\sigma}\xi^\mu_{\ ,\rho} + \eta_{\rho\nu}\xi^\nu_{\ ,\sigma}\right)\right)\mathrm{d}x^\rho \mathrm{d}x^\sigma
\end{aligned}
$$

書き換えることで，

$$
h_{\rho\sigma} = h'_{\rho\sigma} + \eta_{\mu\sigma}\xi^\mu_{\ ,\rho} + \eta_{\rho\nu}\xi^\nu_{\ ,\sigma}
$$

という関係式が得られ，これを式(9.3)と見比べることで

$$
\begin{aligned}
\psi_{\rho\sigma} &= \psi'_{\rho\sigma} + \delta\psi_{\rho\sigma} \\
\delta\psi_{\rho\sigma} &:= \eta_{\mu\sigma}\xi^\mu_{\ ,\rho} + \eta_{\rho\nu}\xi^\nu_{\ ,\sigma} - \eta_{\rho\sigma}\xi^\mu_{\ ,\mu}
\end{aligned}
$$

であることがわかる。変換後も式(9.4)が満たされるという条件を課すと，

$$
\eta^{\rho\sigma}\xi^\nu_{\ ,\rho\sigma} = \left(-\frac{\partial^2}{c^2 \partial t^2} + \Delta\right)\xi^\nu = 0
$$

とξ^νの満たすべき方程式が得られる。この方程式のx方向に伝わる波の解は，新たな任意関数$f^\nu_{(\xi)}$を導入して，再び，

$$
\xi^\nu = f^\nu_{(\xi)}(x - ct)
$$

の形に表される。式(9.4)の条件を課しても座標は完全に固定されておらず，なお，許される座標変換が存在する。しかも，$\psi'_{\mu\nu}$と同じ形の解をもつのである。そのため，$f^\nu_{(\xi)}$を適切に選ぶことで，$\psi_{\mu\nu}$のいくつかの成分を無矛盾に0とおくことが可能である。具体的には，x方向に伝播する平面重力波の場合には

$$\delta\psi_{tt} = c^2\left(\xi^x_{,x} - \xi^t_{,t}\right)$$

$$\delta\psi \equiv \eta^{\mu\nu}\delta\psi_{\mu\nu} = -2\left(\xi^t_{,t} + \xi^x_{,x}\right)$$

$$\delta\psi_{ty} = \xi^y_{,t} - c^2\xi^t_{,y}$$

$$\delta\psi_{tz} = \xi^z_{,t} - c^2\xi^t_{,z}$$

であることを考えると，ξ^t と ξ^x を適切に選ぶことで，最初の2成分 ψ_{tt} と $\psi \equiv \eta^{\mu\nu}\psi_{\mu\nu}$ を0とし，さらに，ξ^y と ξ^z を適切に選ぶことで，ψ_{ty} と ψ_{tz} も0とすることが可能である。ここまで来ると，後は式（9.4）を用いることで $\psi_{tt} = 0$ ならば $\psi_{tx,x} = 0$ であることが導かれ，振動しない空間的に一様な成分を除いて ψ_{tx} も0になることが示される（空間的に一様な成分も座標変換で0にすることができるが，ここでは細かいことは気にしないでおこう）。同様にして，ψ_{xx}，ψ_{xy}，ψ_{xz} も0になることがわかり，一般性を失わずに式（9.5）のように書けることが示される（$\psi = 0$ であるので，$\psi_{\mu\nu}$ と $h_{\mu\nu}$ の差はない）。

式（9.5）の摂動を受けた時空でのクリストッフェル記号の Γ^μ_{tt} の4つの成分がすべて0となることは $\Gamma^\mu_{tt} = (2h^\mu_{t,t} - h_{tt}{}^{,\mu})/2 = 0$ と計算すればわかるので，空間座標一定の曲線である $dx^\mu/d\tau = \delta^\mu_t$ が測地線方程式

$$\frac{d^2x^\mu}{d\tau^2} + \Gamma^\mu{}_{\rho\sigma}\frac{dx^\rho}{d\tau}\frac{dx^\sigma}{d\tau} = 0$$

の解になっていることがわかる。すなわち，式（9.5）のように重力波を表すと，まわりの物質が空間座標一定で運動するという状況を考えることができる。しかし，一定の座標に留まることは2点間の物理的な長さが一定に留まることを意味しない。線素 ds は無限小離れた2点の物理的長さを与えるものであるから，空間座標が一定の2点間の長さは，座標の差 Δx が小さいときには

$$\sqrt{\left(\delta_{ij} + \varepsilon h_{ij}\right)\Delta x^i \Delta x^j} \approx |\Delta x| + \frac{\varepsilon}{2}h_{ij}\frac{\Delta x^i \Delta x^j}{|\Delta x|} \qquad (i, j = 1, 2, 3)$$

で与えられる。式（9.5）のように x 方向に伝播する重力波に対して，$h_{xx} = 0$ から x 方向に離れた2点間の長さは変化しないことがわかる。式（9.5）において，

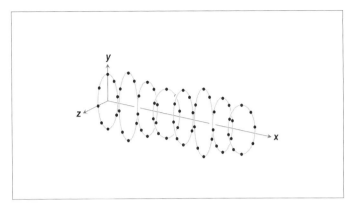

〈図9.2〉 単一振動数の重力波の伝播の様子（h_+のみの場合）

h_+の重力波のみが存在する場合を考えると，y方向に離れた2点間の長さが伸びるときにはz方向に離れた2点間の長さが縮むという逆相関の関係にあることがわかる。この様子を模式的に表したものが〈図9.2〉である。$h_\times$のほうは，$\tilde{y}=(y+z)/\sqrt{2}$, $\tilde{z}=(y-z)/\sqrt{2}$ のように45度回転した座標を用いると，

$$h_{\mu\nu}\mathrm{d}x^\mu \mathrm{d}x^\nu = h_+\left(\mathrm{d}y^2 - \mathrm{d}z^2\right) + 2h_\times \mathrm{d}y\mathrm{d}z = 2h_+\mathrm{d}\tilde{y}\mathrm{d}\tilde{z} + h_\times\left(\mathrm{d}\tilde{y}^2 - \mathrm{d}\tilde{z}^2\right)$$

と，h_+と$h_\times$の役割が入れ換わることから，$h_\times$はたんにh_+をy-z平面内で45度回転したものと考えてよい。

このように重力波が通過中のある瞬間では，重力波の進行方向に垂直なある一方向にある周囲の物体は離れる向きに，それと垂直なもう一方向にある物体は近づく向きに力を受ける。このように，物体を扁平につぶすように作用する力を潮汐力とよぶ。したがって，しばしば，重力波は潮汐力の波であると表現される。

重力波の検出

線素$\mathrm{d}s$は無限小離れた2点の物理的長さを与えるものであるので，重力波の通過が2点間の物理的な長さの変化をもたらすことに間違いはない。しかし，実際の観測の過程を議論するには，なんらかの信号のやりとりを考える必要がある。電磁波であれ何であれ，このやりとりする信号として単一振動数の波を考

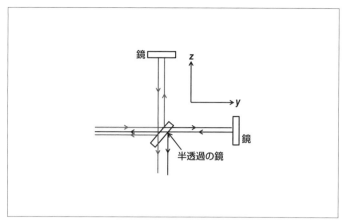

〈図9.3〉 干渉計の原理

える。〈図9.3〉のようにy方向に向かう波$A\exp(-i\omega t+iky)$を半透過の鏡を用いてy方向とz方向の2方向に等分に分ける。まず、y方向に向かった信号$(A/\sqrt{2})\exp(-i\omega t+iky)$を原点から$L_y$離れた物体によって折り返すことを考える。ここで、振幅につけた$1/\sqrt{2}$の因子はエネルギー流量が2方向に等分配されたことを表す(波のエネルギー流量は振幅の自乗に比例するので、逆に、振幅はエネルギー流量の平方根になり、$1/2$の平方根は$1/\sqrt{2}$である)。L_yだけ離れた折り返し点で波の振幅が0になるという境界条件を課すと、折り返された後の信号は$-(A/\sqrt{2})\exp(-i\omega t-ik(y-2L_y))$と与えられる(2つの波を足し合わせると$y=L_y$で0になっている)。原点に戻ってきた2つの信号は半透過の鏡で再び重ね合わせられた後、y方向とz方向の2方向に向かう可能性がある。z方向に向かう波に着目すると、y方向の腕を折り返してきた波からの寄与$-(A/2)\exp(-i\omega t-ik(z-2L_y))$と、$z$方向の腕を折り返してきた波からの寄与$-(A/2)\exp(-i\omega t-ik(z-2L_z))$の和で与えられ、振幅は

$$\left(\frac{A}{2}\right)\left|e^{2ikL_y}+e^{2ikL_z}\right|=A\left|\cos\left(k\left(L_z-L_y\right)\right)\right|$$

となる[*2]。一方で、y方向に向かう波に関しては、半透過の鏡を通過する過程で、2つの波の相対的な位相がπだけずれ、その結果、振幅は

$$A|\sin(k(L_z - L_y))|$$

となる[*3]。

　重力波レーザー干渉計では，信号としてレーザー光を用いる。レーザー光とは単色で位相のそろった大振幅の電磁波である。$|\cos(k(L_z - L_y))| \ll 1$となるように腕の長さ$L_y$，$L_z$を調整すると，$z$方向に抜けてくる信号は非常に小さくなる。その状態で重力波が到来し，腕の長さに変化が生じると，z方向に抜けてくる信号が増加し重力波を検出できる。これがレーザー干渉計による重力波検出の基本原理である。実際の干渉計には，感度を向上させるためのさまざまな工夫が加えられており，より複雑な装置になっている。とくに，鏡の位置は重力波の影響のみで変化するわけではないので，地面の振動などが伝わらないように防振を施す必要がある。また，レーザーの散乱減衰を防ぐには，レーザーの経路を真空に保つ必要もある。腕の長さの変化が重力波信号となるが，わずかな変化をとらえるためにはレーザーの強度が十分に高い必要がある。しかし，レーザーの強度が強すぎるとレーザーの強度のゆらぎが鏡をゆらすことになり雑音となるので，鏡を十分に重くしてその影響を避けることも要求される。最後に，重力波による腕の長さの変化は腕の長さに比例しているので，十分に長い腕の長さも必要である。

重力波の生成

重力波の生成も電磁波の生成との類推が成り立つ。電磁波は式（9.1）の右辺の電流ベクトルの振動によって引き起こされる。アンテナ中の電荷が振動するこ

---

*2　この計算は，たとえば

$$\left| e^{2ikL_y} + e^{2ikL_z} \right| = \left| e^{ik(L_y - L_z)} + e^{-ik(L_y - L_z)} \right| = 2\left| \cos(k(L_z - L_y)) \right|$$

と実行できる。

*3　y方向に向かう波について相対的な位相がπずれることで，2方向の波の振幅の自乗和が

$$A^2 \left| \cos(k(L_z - L_y)) \right|^2 + A^2 \left| \sin(k(L_z - L_y)) \right|^2 = A^2$$

となり，波の全エネルギー流量の保存が満足される。

130 第9章 重力波とは

とによって，電流の時間変化が引き起こされ，電波が発せられるというのがわかりやすい電磁波発生の例である。対応する重力場の式（4.3）の右辺は物体のエネルギー運動量テンソルである。この物体のエネルギー運動量テンソルは時間−時間成分がエネルギー密度，時間−空間成分が運動量密度，空間−空間成分が圧力を表すものであった。電磁波の場合の電荷の振動に対応するのは質量分布の振動である。物体の質量分布が振動すれば，それが源となって重力波が引き起こされる。ここでは導出は省略し，結果のみを示すが，重力が弱いという近似のもとでは，物体の4重極モーメント

$$Q_{ij} = 3\int \mathrm{d}^3 x\, \rho(x) x^i x^j$$

を用いて（ここで ρ は物質の質量密度），$\psi_{\mu\nu}$ の空間−空間成分は

$$\psi_{ij} = \frac{2G_\mathrm{N}}{c^4 r}\ddot{Q}_{ij}\left(t - \frac{r}{c}\right) \qquad （4重極公式） \tag{9.6}$$

と与えられる[*4]。そのほかの成分も式（9.4）を用いて得られる。ここから期待される重力波の振幅を評価する式

$$h \approx \frac{G_\mathrm{N} M v^2}{c^4 r} \approx 10^{-21}\left(\frac{v}{c}\right)^2 \left(\frac{M}{M_\odot}\right)\left(\frac{r}{100\mathrm{Mpc}}\right)^{-1} \tag{9.7}$$

が得られる。ここで，M は天体の質量，v は天体の運動速度，r は天体から観測者までの距離である。この公式の意味するところは

$$重力波の振幅 \sim \frac{質量}{距離} \times (速度)^2$$

ということである。すなわち，大きな振幅の重力波を生成するには，大きな質量をもつ物体が光速に近い速い運動を起こす必要がある。速度は大きければ大きいほうがよいわけだが，相対論において光速があらゆる物体の運動速度の限界であるので，光速より速い運動は許されない。

光速に近い運動を引き起こすためには，物体を加速する機構が必要である。陽子同士にはたらく電磁気力は，それらの間にはたらく重力に比べてはるかに

（10^{35}倍！）強い。それにもかかわらず，電磁気力は天体を光速近くに加速するうえでほとんど無力である。通常の星のような天体が，たとえば正の電荷を帯びると，周囲の電子を引きつけて電荷が中和されてしまう。このため，天体全体としては高い精度で電気的に中性であることが保証される。電磁気力の場合，電場中の電荷にはたらく力が電荷分布の再配置を促し，つねにもとの電場を弱めるように作用する。このように電磁気力において電荷の再配置は電荷の遮蔽を引き起こす。同様の遮蔽という性質が重力にはない。重力の場合，物質が集まれば集まるほど，逆に，さらに大きな力で周囲の物質を引き寄せる。したがって，天体のような巨大な質量を光速近くまで加速する力として，もっと

---

*4　まず，式(9.6)に4重極モーメントが現れる理由は，質量密度分布 ρ がつくるニュートンポテンシャル

$$\Phi = -G_{\mathrm{N}}\int \mathrm{d}^3 x \frac{\rho(\boldsymbol{x}')}{|\boldsymbol{x}-\boldsymbol{x}'|}$$

が微小な体積要素 $\mathrm{d}^3 x'$ に含まれる質量 $\rho(\boldsymbol{x}')\mathrm{d}^3 x'$ がつくるニュートンポテンシャルを重ね合わせで与えられる。分母の $|\boldsymbol{x}-\boldsymbol{x}'|$ を $r \equiv |\boldsymbol{x}| \gg |\boldsymbol{x}'|$ として展開すると，

$$\Phi = -G_{\mathrm{N}}\int \mathrm{d}^3 x\, \rho(\boldsymbol{x}')\left[\frac{1}{r}+\frac{\boldsymbol{x}\cdot\boldsymbol{x}'}{r^3}+\frac{3x^i x^j}{2r^5}\left(x'_i x'_j - \delta_{ij}\frac{|\boldsymbol{x}'|^2}{3}\right)+\cdots\right]$$

となる。括弧内第1項は全質量の保存，第2項は外力がはたらかない場合には重心の不動性から時間変化しない。したがって，孤立した系に対して，この展開で最初に現れる時間変化する項は，括弧内第3項の寄与である。これは4重極モーメントを用いて

$$\Phi = -\frac{G_{\mathrm{N}}\left(Q_{ij}-\delta_{ij}Q/3\right)x^i x^j}{2r^5}$$

と表される。以上が，式(9.6)に4重極モーメントが現れる理由である。一方，遠方での波のエネルギーフラックスが保存するためにはその振幅の自乗に面積（$\propto r^2$）を掛けたものが一定でなければならない。このことから遠方での波は $1/r$ で減衰することがわかる。以上に加えて，h_{ij} および，$G_{\mathrm{N}}M/c^2 r$ が無次元で，Q_{ij} が Mr^2 の次元をもつ t のみの関数であることを考え合わせると，次元を合わせるためには Q_{ij} を2階時間微分しなければならないことがわかる。以上より，おおよそ式(9.6)の形が得られることが納得できるだろう。

式(9.6)をさらに荒っぽく評価すると

$$h \approx \frac{G_{\mathrm{N}}Mv^2}{c^4 r} \approx 10^{-21}\left(\frac{v}{c}\right)^2\left(\frac{M}{M_\odot}\right)\left(\frac{r}{100\mathrm{Mpc}}\right)^{-1}$$

となる。大きな振幅の重力波を生成するには，非常に大きな質量をもつ物体が光速に近い運動を起こす必要がある。

132   第9章 重力波とは

も有力な力は重力であるということになる。

　さらに，重力による天体の加速を考えるさい，天体自体が非常にコンパクト
でなければ光速近くにまで加速することはできないことが以下の考察からわか
る。まず，単独の天体では加速されようがないので，2つの天体からなる連星
を考える。このとき，全質量をMとし，連星間の距離をrとすると，その公転
速度vは

$$\frac{v^2}{c^2} \approx \frac{2G_N M}{c^2 r} = \frac{r_g}{r}$$

で与えられる。この式は連星の相対運動のエネルギーと重力によるポテンシャ
ルエネルギーが同程度の大きさでつり合うという条件になっている。ここで，
$r_g \equiv 2G_N M/c^2$は重力半径とよばれる量であった。太陽質量の天体の場合，重
力半径r_gは約3 kmである。この式からも想像されるように，重力による天体
の加速といっても，重力のポテンシャルエネルギーを解放して，相対運動のエ
ネルギーに変換しているだけであるので，r_g/rが$O(1)$に近づかなければ，光
速近くにまで加速することはできない。通常の星を考えると，星の半径は重力
半径に比べて十分に大きい。たとえば，太陽の場合にはrに太陽の直径を代入
してもr_g/rは約50万分の1という小ささである。このような場合には，連星間
の距離rが重力半径r_gに近づく以前に，すなわち，r_g/rが十分に大きくなる以
前に天体同士が衝突合体してしまう。そのため，速度を光速に近づけることが
できない。以上の考察から，天体を光速近くにまで加速するには天体のサイズ
が重力半径に近いコンパクトな天体を考える必要があることがわかる。

　そのようなコンパクトな天体の候補には，中性子星やブラックホールがあ
る。中性子星は核燃焼をしていない，核力によって支えられている天体である。
通常の星は水素が核融合を起こしより重い元素に遷移することで中心付近から
大量のエネルギーを供給している。そのため，星の中心付近は高温になってお
り，この温度によって星の重力を支える圧力が生み出されている。しかし，水
素の核融合が進むとエネルギー源が失われ，やがて自らの重力を支えることが
できなくなり星の中心は収縮する。このとき，中心付近の密度が原子核の密度
程度（$\sim 10^{18}$ kg/m^3）になって圧力が上昇して反発し衝撃波を生じる。衝撃波

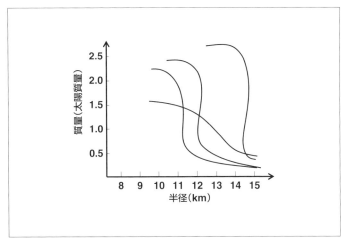

〈図9.4〉 星の半径と質量の関係
星の半径と質量の関係を模式的に示した図。複数の曲線が書かれているのは，密度-圧力関係のモデルの違いによってさまざまな曲線が得られることを示している。

というのは聞いたことはあると思うが，物理において正確には密度や速度などの物理量の不連続面のことをさす。この衝撃波面が外側に進行して星の表面に達しなければ爆発が起こらない。しかし，外からは物質が降り続けているので，この衝撃波面が星表面に到達できるかどうかは自明ではない。衝撃波が表面にまで達して爆発を引き起こしたものが超新星である（ただし，以前に少し説明したIa型超新星は異なる機構で爆発していると考えられている）。超新星爆発の後には原子核密度程度の高密度のコアが残されるが，これが中性子星とよばれるものである。中性子星は原子核密度に達する高密度天体なので，全体で1つの巨大な原子核のようなものだと考えることができる。

原子核密度を超えるような物質の圧力がどのようにふるまうかについては，実験で直接的に調べることは困難である。そのため，比較的大きな不定性がある。そうはいうものの理論的な外挿にもとづき，中性子星の質量と半径の間の関係は模式的に〈図9.4〉のように与えられると予想されている。観測されている中性子星の質量は太陽質量の1.35倍程度のものが多く，不定性はあるもののそのような中性子星の半径は9〜14 km程度であると予想されている。この

図に示したように，中性子星の質量には上限値が存在する。あまりに重たい星は核力によっても支えることができないのであるが，その最大質量はちょうど太陽質量の数倍程度なのだ。最大質量に関して，最近，約2倍の太陽質量の中性子星の存在が観測された。このような観測は，原子核密度を超えるような物質の理論モデルに対して制限を与えることになっている。

　超新星爆発を起こす前の星の質量が大きい場合には，星の中心が収縮した後から降り積もる物質のせいで，衝撃波面が膨張することができず，逆に中へと押し込まれる。その結果，超新星爆発を起こさずに第8章に解説したブラックホールが形成されると考えられている。

▌ 証明された重力波の存在

中性子星やブラックホールのような半径が重力半径程度のコンパクトな星が連星を形成し，それら2つの天体間の距離（軌道半径）が十分に近いと，振幅の大きい連続的な重力波源となる。連星の運動はケプラー運動（＋一般相対論による補正）で記述されるという理解で基本的には正しいが，軌道半径が短い連星については重力波放出によるエネルギー放射により引き起こされる軌道半径などの軌道パラメーターの時間変化が無視できない。連星は重力的に束縛された系であり，軌道長半径（楕円軌道の長軸の長さ）が短いほど束縛エネルギーが大きい（すなわち，軌道長半径が短いほど，2体を引き離すにはより多くのエネルギーを必要とする）。このことは軌道長半径が短いほど連星が低いエネルギーの状態にあることを意味する。したがって，連星が重力波放出によりエネルギーを失うことで，よりエネルギーの低い（重力的束縛の強い）状態へと移行する。その結果，軌道長半径はより短くなる。

　このような連星軌道の時間変化の影響は，連星がたがいのまわりを周回する公転周期にも現れる。幸いなことに連星の軌道運動の周期を測るのに適したパルサーとよばれる種類の天体が存在する。パルサーは周期的な電波パルスを放出する天体である。その正体は回転する中性子星であり，パルス周期は中性子星の自転に対応すると考えられている。昔ながらの柱時計は正確な時を刻むために大きな振子を用いるが，これは質量が大きければ外乱による運動の乱れが小さいことによる。大きな質量をもつ中性子星が時計の振子の役割を果たして

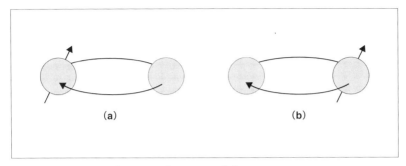

〈図9.5〉 連星をなすパルサーのパルス間隔の変化
黒い実線で描いたパルサーが連星をなしている状況を考えている。手前側に観測者がいるとして、(a)のようなとき、パルサーは観測者から遠ざかっているため、ドップラー効果でパルス間隔が長くなる。逆に(b)のようなとき、パルサーは観測者に近づくため、パルス間隔が短くなる。

いるために、非常に正確な時計となっているのである。さらに、パルサーは電波パルスを放出するので、われわれが観測するのに理想的な時計が宇宙に多数ばらまかれているということになる。

　パルサーを含む連星も多数見つかっている。もっとも有名なものにハルス (R. A. Hulse) とテイラー (J. H. Taylor, Jr.) によって発見された連星パルサー PSR B1913 + 16 がある[1]。このパルサーは発見以来、観測が続けられている。連星を構成するパルサーが軌道運動をすると、視線方向の速度が時間変化する〈図9.5〉。そのためパルス周期もドップラーシフトを受けて変化するので、パルサーの視線方向の運動速度は正確に観測できる。さらに正確な観測を進めると、近星点移動や相対論的補正の効果であるシャピロ時間遅れ[*5]などの情報を引き出すことができる。これらの観測データを連星の理論的モデルと比較することで、連星の質量や軌道要素などが求まる。PSR B1913 + 16 に関しては重力波放出による連星の軌道長半径の変化が軌道周期の変化として観測され、一

[*5] 重力ポテンシャルの深いところでは重力赤方偏移を受けて、外部の観測者から見ると時間の進み方が遅くなる。この効果が、重力ポテンシャルの深いところを通ってくる光の伝播にも現れ、重力ポテンシャルの効果を考えない場合に比べると光の到達が遅くなる。この効果をシャピロ時間遅れとよぶ。

般相対論による計算とみごとに一致することが確かめられており，重力波放射
の存在の間接的な証拠を与えている。

まとめ

この章では，一般相対論が予言する重力波の基礎について解説した。重力波は
実際に存在していることが連星パルサーの観測からすでに明らかになっていた
が，長い間，重力波を直接検出することに人類は成功していなかった。次章で
は，2016年2月に発表され，世界を驚かせた，初の重力波直接検出と，その発
見から広がりつつある重力波物理学・天文学の研究の一端を紹介する。

参考文献

1) R. A. Hulse, J. H. Taylor: *Discovery of a pulsar in a binary system*, Astrophys. J. **195**
（1975）L51.

第 10 章

重力波源となる天体現象

待ちに待った，重力波の直接検出があった。21世紀に入って最大の科学的発見の1つに数えられることは間違いない。しかし，それはほんの序章にすぎない。この章は2015年度の連載時から大きく加筆修正したが，それでもここに書いた内容は，始まりゆく重力波物理学・天文学の時代にあっては，短い間に新しい発見により塗り替えられていくことだろう。

▌ 重力波検出の第1報：GW150914

2016年2月11日，日本時間では日付が変わって2月12日0：30からアメリカのLIGOチームによる記者会見が行われ，その様子は全世界にインターネットで中継された。会見の冒頭だったと思うが，〈図10.1〉に示したような波形が提示された。この波形は衝撃的であった。ここ数年，「重力波の信号は微弱であるので，ぼんやりと重力波干渉計の出力を眺めていただけではどこに信号があるのかわからない。ゆえに，理論的に波形を予測することが重要である」といい続けてきた。ところが，いざ，初検出で見つかった信号は，どう見ても合体する連星から放出された重力波と思われる波形がはっきり見えていたのである。いったい，どういうことなのか最初はよくわからなかったが，同時に，Physical Review Letters誌に論文が発表されているという（Phys. Rev. Lett. **116**(2016)061102）。そこで，慌てて論文をダウンロードしようとするが，アメリカ物理学会のサイトの挙動がいつもと違う。このサイトは最初に認証が要求され，いくつかの写真の中からアインシュタインはどの写真かという質問に答えて，ようやく論文を閲覧することができる。しかし，この日はなんとかアインシュタインの顔写真まではたどり着くのだが，その先が一歩も進めない。

138 第10章 重力波源となる天体現象

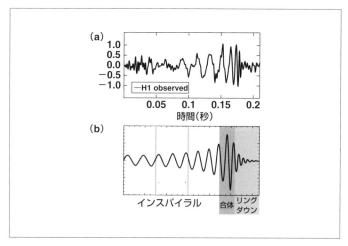

〈図10.1〉 重力波波形
(a)はLIGOが観測したGW150914の波形（LIGO Open Science Centerより https://losc.ligo.org/events/GW150914/）。(b)は模式的に表した理論波形。

アクセスが集中して，サーバーがパンク状態になっていたわけだ。そうこうしていると，こういう事態を予測していち早く論文をダウンロードしていた共同研究者が論文を見られるようにしてくれた。そうなると，一般向けの会見を開いている場合ではない，論文の内容が気になるので，中身を読んでいくと，なるほどこういうシナリオもあったのだと合点がいった。

重力波直接検出に向けた取り組みの歴史は長い。最初は共振型重力波アンテナという金属棒というか塊をつるして，重力波が到来したことにより引き起こされる金属塊の振動を測定するという方式のものが実現された。金属塊には固有の振動数というものがある。たたけば，その振動数の音が鳴るというわけである。この振動数と重力波の振動数がうまく一致すれば共振という現象が起こり，大きな振幅の振動が金属棒に引き起こされるので，それを測定しようという考えである。この方式によりウェーバー（Joseph Weber）が1969年に重力波を検出したという報告を，同じくPhysical Review Lettersに発表した（J. Weber: Phys. Rev. **117**(196)306）が，現在では，この初検出の報告は重力波の到来によるものではないと考えられている。その後に登場したのが重力波干渉計とい

う方式である。この方式のアウトラインを与えたのは1970年代初頭のワイス（Riner Weiss）である。その後，小型のプロトタイプの装置がつくられ，いまのLIGO計画の予算が認められたのが1992年のことである。それから10年近い歳月を経て，2001年に最初のデータ取得を開始した。じつは，その当時，日本のTAMA300という重力波検出器が世界最高感度を記録していた（M. Ando *et al.* ［TAMA Collaboration］: Phys. Rev. Lett. **86**（2001）3950, doi:10.1103/PhysRevLett.86.3950）。TAMA300という名前が示すように，腕の長さが300mのレーザー干渉計でLIGOに比べると1桁腕の長さが短いので，LIGOが本格的に稼動し始めると太刀打ちできなくなったのだが，そこで培われた技術は現在進行中のKAGRA計画へと受け継がれている。LIGO計画に続いて3kmの腕の長さをもつフランス・イタリア連合のVirgo検出器も稼動し始めたが，重力波を直接検出することはかなわなかった。そこで，いったんLIGOもVirgoもシャットダウンをして，感度をさらに向上させるバージョンアップに取り組んだ。これらはadvanced LIGO（aLIGO），advanced Virgoとよばれる。これまでの感度を1桁向上させて重力波の初直接検出を目指す戦略である。1桁感度を向上させるということは10倍遠くで起こる現象にまで感度があることを意味する。体積にすると1000倍であるから，100年待たないと起こらなかったようなイベントが1か月に1度の頻度で検出できるという勘定になる。

　LIGOによる初の直接検出となったGW150914というイベントは，このaLIGOフェーズでの観測を開始してすぐに起こった。重力波検出を統計的に有意であると示すには，重力波検出装置のもつノイズの性質を調べる必要がある。記者会見の時点では最初の39日間の観測データのみが解析に用いられた。LIGOは約3000km離れたハンフォードとリビングストンの2か所に独立な検出器をもっている。1台だけでも重力波を検出することは可能であるが，2台が同時に同じ重力波源から発生したと考えられる重力波信号を検出すれば，より確実になる。39日間のデータのうちで，2台が同時に観測していたデータは16日分あった。解析の結果は，2015年9月14日09：50：45（協定世界時）に，連星ブラックホールから放出されたと考えられる重力波を最大振幅10^{-21}，シグナルとノイズの強度比（S/N）が約24で検出された。GW150914という名前は，この日付を表している。S/Nが24というと，相当に大きいという印象をもつ

140 第10章 重力波源となる天体現象

かもしれないが，S/Nが8程度であると，本当に重力波イベントであったのか
ノイズであるのかを判定することができない。理由は，非常にたくさんの可能
な重力波波形の予想があり，重力波の到来時刻もわからない。そのような状況
で信号を探すと，たとえノイズしかないとしても，たまに大振幅の信号らしき
ものが生成される確率が0ではない。しかし，S/N〜24というのは，相当に
大きい。しきい値となるS/N〜8に比べると，3倍ほどの強さがある。じつは，
この観測の段階でLIGOは目標とする，バージョンアップ前の10倍の感度を
到達していたわけではない。以前の3倍程度の感度をようやく達成したという
段階であったが，イベントの発生確率は3^3〜30倍程度上がったわけだから，
観測を始めてすぐに見つかったとしても不思議ではない。実際，あれほど鮮明
にとらえられたGW150914でさえ，バージョンアップ前であれば，ノイズと
信号を判別するしきい値あたりのきわどい信号だということになり，重力波初
検出を主張することはできなかっただろう。

　波形の解析から推定される合体前の連星は，太陽質量の36^{+5}_{-4}倍の天体と
29^{+4}_{-4}倍の天体から構成され，連星合体後に形成された天体の質量は太陽質量
の62^{+4}_{-4}倍と推定される。この合体後の質量が重力波波形の解析から明らかに
なったという説明は，若干，誤解を招く。理論的な数値計算で得られる波形が，
観測された波形にもっとも合うように連星を構成するそれぞれの天体の質量を
選ぶと，計算の結果，合体後に形成されるブラックホールの質量がこの値にな
るというのが正確なところである。簡単な引算をすると，太陽質量の3倍に相
当する質量が失われたことになる。この失われた静止エネルギーは重力波とし
て放出されたのである（物体の質量に光速の2乗を乗じたものがその物体のも
つ静止エネルギーである）。推定される重力波源までの距離は410^{+160}_{-180} Mpc
である。距離は基本的には観測された重力波の振幅から推定されたものである。
Mpcというなじみのない単位ではピンとこないだろうが，この400 Mpcの距
離にある銀河が平均的にわれわれから遠ざかる速度は光速の9%にも及ぶ。

　さて，GW150914では波形の理論予測を用いなくてもシグナルの存在が見
えているという点が驚きであったと先に述べたが，どうしてそういうことに
なったのかを解説しておきたい。まず，初検出のS/Nはしきい値を少し上回
る10程度である可能性が高いと予想するのが自然である。S/Nが24というの

は相当に幸運だったといえる。それにも増して、まず最初に発見されるのは、観測的に存在が確認されている中性子星連星であろうと思われていた。中性子星連星の場合、連星を構成するそれぞれの星の質量が太陽質量の1.35倍程度というものが典型的な値である。この場合にはLIGOの観測帯域で合体までに2000回転ほどするという計算になる。このような中性子星連星合体と10回転ほどしかしないBH連星合体では話が大きく異なる。同じS/Nであっても、2000回転もしていれば、1回の振動あたりのS/Nは$1/\sqrt{2000}$だけ小さくなってしまう。したがって、目で見ただけでは重力波信号であるのかどうかの判別がつかない。これがたかだか10回転であれば、1回の振動あたりのS/Nに換算しても、$1/\sqrt{10} \sim 1/3$程度にしかならない。すなわち、1回の振動あたりS/N ~ 8程度あるということになるので、目で見ただけで何か信号が来ているということがわかってしまうわけである。

■ 重力波初直接検出から何がわかったのか

重力波を直接検出した技術には、驚かされる。検出された重力波の振幅は最大の瞬間でも約10^{-21}程度であった。これは4 kmの腕をもつLIGOの検出器をもってしても、その腕の端に置かれた鏡の変位は$4 \text{ km} \times 10^{-21} = 4 \times 10^{-3} \text{ fm}$である。1 fmというのは原子核の中の陽子・中性子の典型的な間隔である。それよりも2桁以上も小さい変位である。もちろん最初からそのように設計されており、予想を超えた感度が達成されているというわけではないものの、そのような微小な鏡の変位を測定する技術には驚かされる。

つぎに、重力波が本当に伝播してきたということがはじめて確認されたということが大きい。連星系で重力波が発生していることは、前章で紹介したように、ずいぶんと昔に実験的に確認されていたわけだが、それが推定400 Mpcという途方もない距離を伝わってくるということが、はじめて実証された。もちろん、一般相対論が正しければ、不思議ではないことだが、その理論的予言がまた1つ実験的に検証されたのである。

初の重力波直接検出がもたらした真に科学的に驚くべき発見は、およそ30倍の太陽質量をもったブラックホールがおそらくこの宇宙に存在しているということをはじめて明らかにしたということである。これまで、10倍の太陽質

量程度のブラックホール候補天体は20例ほど見つかっていた。これらはX線で輝いている天体で，ブラックホールに伴星から物質が降り積もり，ブラックホールのまわりに円盤をつくり，その円盤が光っているというモデルでうまく説明ができるために，ブラックホールであると考えられているのである。ブラックホール候補とされる決め手は半径の上限と質量の見積もりによっている。質量を与えると，星の半径には理論的に下限が現れる。質量が太陽質量の2〜3倍以下なら，重力半径に数倍程度の小さな半径をもつ中性子星が理論的に存在できる。しかし，より重い星の場合に重力と圧力の平衡を保つには，重力半径よりも星の半径がかなり大きい必要がある。このような推論によって，実際にブラックホールは存在すると推測されていた。しかし，太陽質量の30倍ものブラックホール候補天体があるとは明らかにされていなかった。しかも，最初に報告された重力波イベントのみならず，2例目（GW151226：約15倍と約8倍の太陽質量の連星合体，Phys. Rev. Lett. **116**（2016）241103），3例目（GW170104：約30倍と約20倍の太陽質量の連星合体，Phys. Rev. Lett. **118**（2017）221101），4例目（GW170814：約30倍と約25倍の太陽質量の連星合体，Phys. Rev. Lett. **119**（2017）141101）もブラックホール連星合体であると同定された。このことはわれわれの宇宙に，かなりたくさんのブラックホールが存在していることを示唆している。

■ 観測されたブラックホール連星の形成シナリオ

太陽の30倍の質量をもつブラックホールが相次いで発見されているが，このように大きな質量をもつブラックホールの連星を星の進化の結果として形成しようとしても，現在観測されている標準的な星を考える限りなかなか難しいと思われる。第5章に説明したように，宇宙最初の高温高密度状態からの急激な宇宙膨張のさいに起こる元素合成では，軽い原子核しか形成されない。このような宇宙初期の物質と比べると，現在の銀河に存在する物質の組成は大きく異なっており，多くの重い元素を含んでいる。これらの重い元素は星の進化の過程での核融合反応によって生成されたと考えられる。星の一生の終わりに超新星爆発を起こす星は，内部で生成した物質を星の外へと勢いよく放出する。その爆発のさいにも，爆発的な元素合成が進む。このようにして宇宙空間に重い

元素がまき散らされたと考えられる。現在観測されている重元素を多く含むようになった後の星形成の知見からは，太陽質量の30倍という大きな質量をもつブラックホールが形成される割合は極端に少ないと考えられている。実際に，これまでのX線による観測で示唆されているようなブラックホール候補天体の質量を見ても，連星をつくるブラックホールの典型的な質量は太陽質量の10倍程度以下である。

　しかしながら，宇宙の初期には重い元素を含まない物質しかなかったのだから，最初に生まれた初代星は現在の星とまったく異なる形成機構をもっていても不思議ではない。このように考えて，重元素の量が極端に少ない物質から星形成や連星系の形成が起こるとどうなるかという研究が進められていた。そのような研究から，LIGOの発見に先立って，太陽の30倍の質量をもつブラックホールの連星がかなりの数が存在してもよいということが日本の研究者たちによって指摘されていた(T. Kinugawa, K. Inayoshi, K. Hotokezaka, D. Nakauchi, T. Nakamura: Mon. Not. Roy. Astron. Soc. **442**(2014)2963, doi:10.1093/mnras/stu1022)。

　重い元素を含まない物質は，光を吸収しにくいという性質をもつ。物質が複雑になれば，吸収されやすい光の波長が増えるからだと考えてもらえばよいだろう。この光の吸収率の違いが連星形成にも大きな違いを生み出す。現在の星形成では，物質が重力的に集まってきて，中心に星の卵が生まれて輝き始めると，いまだ大きな質量を獲得するに至っていない中心星からの放射を受けることで，降着途中のまわりの物質が吹き飛ばされてしまう。このために，星の質量がそれ以上増加することが妨げられ，質量の大きな星の形成が妨げられるのである。加えて，大型の星は核燃焼が進むと，やがて核燃焼が密度の高い星の内部でのみ進行する状態になる。このとき外層のガスが内からの放射によって押される形で激しく外へと噴き出される。この恒星風とよばれる物質の流れの強さも，恒星をつくっている物質がどれだけ光を吸収しやすいかということに依存する。初代星の場合には外層の物質が光を吸収しにくいので，この恒星風による質量放出の効果も弱く，大きな質量が星の一生の最後まで残る傾向にある。このように初代星や，それに近い重元素量の少ない材料からつくられた星は，質量の非常に大きなブラックホールへと進化する。そのような重元素量の

少ない星の星全体に占める割合は小さいが，太陽の30倍の質量をもつブラックホールの形成を考えると重要な役割を果たしている可能性があることがわかってきたのである。完全な初代星でなくても，重い元素の割合の非常に少ない，宇宙初期に生まれた星には同じように重いブラックホールを形成しやすい傾向がある。

また，インフレーションやその後の宇宙の時間発展の中で，星サイズに相当するような小さなスケールでの密度ゆらぎが，銀河スケールでの密度ゆらぎよりも十分に大きくなるインフレーションモデルを考えると，ビッグバン元素合成よりも前の時期にブラックホールが形成される可能性もある。そのようなブラックホールを原始ブラックホールとよぶ。

原始ブラックホールが形成されると，それらの多くが連星系を構成し，ある程度の割合で現在合体するものが存在することが理論的に予想される (T. Nakamura, M. Sasaki, T. Tanaka, K. S. Thorne: Astrophys. J. **487**(1997)L139, doi:10.1086/310886)。どのように連星が形成されるのかというと，やはり，重力的な引力によって，近くに生まれたブラックホール同士が引き合って連星になるのである。宇宙全体としては膨張しているので，最初のブラックホールが生まれたときには，たがいに離れようとしている。しかし，近接したブラックホール同士が引き合うことで，宇宙全体の膨張からは切り離されて，たがいのまわりを回り始め，連星を形成するのである。たがいにまっすぐに引き合ってしまうと，ブラックホール同士が衝突して1つのブラックホールになってしまうのではないかと懸念されるが，その他の擾乱があるので，ほとんどの場合にぶつかることはなく，ブラックホール連星となるのである。そのため，最初にブラックホール連星が生まれた時点における連星の軌道は非常に扁平な楕円軌道になる。こうやって形成された連星が重力波放出によってエネルギーを失い，宇宙年齢かけて，やがて合体するというシナリオである。

他にもさまざまなシナリオが提案されているわけだが，それぞれにブラックホール連星合体が起こる確率が異なっている。重力波でブラックホール連星合体を検出すると，その振幅から距離を推定することができる。また，詳しい重力波波形の解析からは連星を形成する個々のブラックホールの質量に加えて自転の大きさまでも読みとることが可能である。実際には，距離やブラックホー

ルの自転の大きさの推定には，大きな観測誤差を伴うものの，たくさんのブラックホール連星合体イベントが見つかれば，それらのイベントからのさまざまなパラメーターの推定結果がモデルの予言と合致するかどうかを確かめることが可能になる。

　現在の重力波検出器では，1 Gpc 程度の距離まで GW150914 のようなブラックホール連星を検出することが可能である。この距離は，現在のハッブルホライズンスケール，すなわち，宇宙年齢かけて光が到達できる距離に比べると少し短い。そのため，モデルによる重力波源までの距離分布に大きな差が現れそうにない。したがって，モデルを区別するには自転の分布の違いを明らかにして，観測と比較するという研究が必要だ。将来的には，さらに遠方からの重力波も観測可能になり，距離の分布が明らかになってくることが期待される。そうなると，シナリオによる違いがより鮮明になり，このようなブラックホール連星の形成の謎に対して明確な答えを得ることができると期待される。

　このような研究は，宇宙初期の星形成と進化，連星の進化といった他の手段では直接観測的な検証を行うことができない問題に対して，重力波という新しい観測手段が道を開いていくよい例になっている。

原始ブラックホールの生まれるとき

原始ブラックホールの形成のされ方は，相対論の不思議さを特徴的に表す現象なので，少し詳しく説明したい。ブラックホールの形成というと，物質が降り積もり，やがて重力的に支え切れなくなり，崩壊した結果として形成されるというのが通常の話である。しかし，原始ブラックホールの形成は，これとはおもむきが異なる。一様等方に膨張する背景時空において，ハッブルホライズンスケールという各時刻に特徴的な長さのスケールが存在した。ハッブルホライズンスケールは，宇宙が e 倍程度に膨張する時間に光が到達できる距離のスケールを表す。インフレーション後の輻射優勢の宇宙や物質優勢の宇宙ではハッブルホライズンスケールは徐々に大きくなっていく。ある長さス

ケールで大きな密度のゆらぎが存在したとしても，その長さスケールがハッブルホライズンスケールよりも長い時期には時空の構造にとくに目立った特徴は見られない。局所的に見れば，密度の高い領域も他の領域とほとんど同じように膨張している。ところが，このゆらぎの長さスケールがハッブルホライズンスケールと同程度になると，一気にそのゆらぎの存在が健在化してくる。やがて，ハッブルホライズンスケールに比べてゆらぎの長さスケールが短い状態になると，そのときにはすでに，考えている領域はブラックホール時空の事象の地平線の中に飲み込まれているのである。ブラックホールとは外の領域に光が届かない時空領域を指した。おもしろいことに，そのような光が外に出られない時空領域を描いて見ると，ゆらぎの長さスケールがハッブルホライズンスケールよりも長かった時期にまで，そのような領域は広がっている。それにもかかわらず，その時期のブラックホール内部の時空構造を局所的に眺めると，その他の宇宙の領域とほとんど区別がつかないのである。

■ 重力波で見つかった天体は本当にブラックホールなのか

ブラックホール連星合体によって発生した重力波が観測された。ブラックホール自体がわれわれの宇宙に存在していることは，今回の発見に先立って，認知されていたといえる。そうはいうものの，しばしば，それらのブラックホールはブラックホール候補天体とよばれてきた。それはX線で光る天体で，普通の星程度の質量をもつブラックホールと別の星が連星を組んだX線連星とよばれるものや，銀河の中心に鎮座している巨大ブラックホールであったりする。

いずれの場合にも，ブラックホールだと考える決め手は質量とサイズの関係である。質量に対して，そのサイズが十分に小さいならば，普通の星ではあり得ない。強力な重力を支えることができないからである。われわれが唯一の例外だと考えているのが中性子星である。これは，先に説明したように巨大な原子核のようなものであり，質量に対して非常に小さなサイズをしている。どのくらいコンパクトかを表すのに，同じ質量のシュワルツシルトブラックホール

の最内縁安定円軌道の半径（8章で議論）と比較するのがよい。典型的な中性子星の質量は太陽質量のおよそ1.35倍である。中性子星の半径を観測的に決定することは難しく，現在，観測が進みつつあるという状況であるが，理論的には10〜14 km程度の範囲にあるものと予想されている。これは，同じ質量のシュワルツシルトブラックホールの最内縁安定円軌道の半径，12 km程度と同程度である。中性子星のようなコンパクトな星は，太陽質量の3倍を超えるような重い星を支えることはできない。中性子や陽子（中性子星とよばれるが，陽子もたくさん存在している）の間にはたらく力に比べて重力が勝り，星が中心に向かってつぶれることを食い止めることができないからだ。現在，観測されている中性子星の最大質量は，太陽質量の約2倍であるが，この質量でさえ理論的に説明可能な範囲の限界に近い。したがって，十分に重い天体でそのサイズが対応するシュワルツシルトブラックホールの最内縁安定円軌道の半径程度のものがあれば，それはブラックホールに違いないという理屈になる。

　天体の質量を測る方法としては，その天体のまわりを回る別の天体，あるいは，物質の運動を観察することで見積もることができる。連星の場合に，連星を構成している天体の質量がわかるのも，運動を観測しているからである。視線方向の速度はドップラー効果として観測可能である。パルサーがつくる連星の場合には，パルサーという天然の時計が備わっているので，ドップラー効果を精密に観測することができる。そうでない場合には，精度は劣るものの同様に質量を見積もることが可能である。

　それに対して，天体のサイズを測ることは容易でない。典型的な手段は放射の時間変動を頼りに推定する。もっとも明るい放射が発生するのは星に近い場所だが星表面の一部が光っているのではないと仮定する。そうすると，放射の時間変動の時間スケールは放射領域のサイズを光が横切る時間より短くなれない。光の速さが有限なので，どうしても時間変動は滑らかになるわけである。したがって，早い時間変動が観測されれば，放射領域のサイズが小さく，天体自体のサイズも十分に小さいことが想像される。また，天体への物質の降着があると，降着円盤[*1]が形成される。この降着円盤の理論モデルと観測を比較することで円盤内縁の半径を推定することが可能である。円盤内縁の半径よりは天体の半径は小さいはずなので，天体のサイズに上限をつけることができる。

148　第10章　重力波源となる天体現象

　このように，それなりに根拠のある仮定の元になされた理論的予測と観測の比較から，ブラックホールだろうと認定されている。ゆえに，X線で同定されたそのような天体をブラックホール候補天体とよんでいるのである。これに対して，重力波で発見されたGW150914のような連星はたしかにブラックホールから構成されているといえるのだろうか。合体前の天体はブラックホールだと断言できなくても，合体後にはブラックホールが形成されたと断言できるだろうか。

　GW150914がブラックホールなのかどうかを判定するうえで重要な，われわれが手にしている情報は重力波の波形のみである。それでは，合体前の天体がブラックホールであるか，それともブラックホール以外の未知のコンパクト天体であるのかの違いは重力波波形に現れるだろうか。連星合体の波形を模式的に示したものが〈図10.1〉であった。この合体波形を便宜的に，インスパイラル–合体–リングダウンの3つの領域に分ける。

　インスパイラル領域では連星が十分に離れた状況にある。重力波放出によってエネルギーを失い，連星を構成する天体はたがいに相手の天体に向かって落下する。つまり，連星の軌道半径が徐々に縮まる。軌道半径の変化は重力波の振動数の変化として観測される。質量が大きな連星のほうが同じ振動数で比較すると，より振動数の変化する速度が速い。さらに詳しく波形を調べれば，連星を構成する天体の質量比や，自転の情報も得られる。ただし，連星間の距離が大きいインスパイラル領域では，それぞれの天体を質点として扱う近似がよく，天体の内部構造の情報は得られない。たがいに近づいてきて，ようやく内部構造の違いが見え始める。

　シュワルツシルトブラックホールに最内縁安定円軌道があるように，連星の軌道にも安定な軌道が存在する限界の距離が存在する。連星間距離が短くなり，やがて，この限界の距離よりも近づくと，急速に合体が進む。このとき何

＊1　中心天体の周囲から落ち込むガスは一般には角運動量をもつ。そのため，遠心力によって支えられてそのままでは中心には落ち込まない。しかし，摩擦の効果が効いた結果として，ガスのもつ角運動量で決まる向きに円盤が形成される。円盤内部でも半径により回転速度が異なり，外側のガスとの摩擦によって回転が弱まり中心に向かうことになる。このような円盤を降着円盤とよぶ。

が起こるかは，数値的にアインシュタイン方程式を解く手法が近年，劇的に発展し，一般相対論による波形予測が可能になっている。合体時の重力波波形には天体の内部構造がもっとも強く反映される。観測された重力波波形がブラックホール連星の合体を仮定して計算した理論的予測と一致していることは，実際に観測された重力波イベントがブラックホール連星の合体であったことを強く示唆している。そうはいうものの，ブラックホール以外の未知のコンパクト天体を考えても似たような重力波波形が得られる可能性もある。

　連星は合体後に1つのブラックホールになるが，そのブラックホールは最初から定常なブラックホール解であるカー解（次章で解説）にはなるわけではない。カー解は回転軸のまわりに回転させても変化しないという対称性の高い解である。一方で，合体前の連星にはそのような回転に対する対称性はないので，最初ブラックホールは大きなひずみ（摂動）を伴って生成される。このひずみが解消される過程で放出される重力波をリングダウンとよぶ。

　ブラックホールのリングダウン重力波はお寺の鐘の音にしばしばたとえられる。お寺の鐘の音は，どのようなたたき方をしても，おおむね同じ音がする。鐘には固有の振動モードが複数存在していて，それぞれに減衰時間も決まっている。固有の振動モードの中には励起しやすいものもあれば，そうではないものもある。鐘をたたくことによって，励起されやすい振動モードが励起され，固有の鐘の音を形成する。理論上は，ブラックホールにも同様の固有の振動モードが存在する。この振動数や減衰時間はブラックホールの質量と自転の速さに依存している。したがって，この固有の振動モードが観測されると，ブラックホールの質量と自転が決まる。実際，このリングダウンの重力波が合体直後に放射される様子を数値シミュレーションで確認できる。

　インスパイラルの重力波波形からは，合体前の状態がわかり，一般相対論にもとづく数値シミュレーションにより，どのような振動数と減衰時間をもった固有の振動モードが励起されるかが予想される。このブラックホールの固有振動モードが理論予測のとおりに観測されれば，合体後に形成された天体がブラックホールであることの確かな証拠と考えられる。しかしながら，このリングダウン重力波だけから，固有モードの振動数と減衰時間を読みとるには，これまで観測されたイベントのシグナルはまだ弱い。今後の観測によって，合体

150   第10章　重力波源となる天体現象

後にブラックホールが形成されたという確かな証拠が得られることに期待がかかる。

中性子星を含む連星合体からの重力波検出への期待

最初に直接検出された重力波はブラックホール同士の連星の合体を起源とするものであったが，中性子星同士の連星合体からの重力波も近い将来，観測されると期待されている。パルサーとして観測されている連星には，宇宙年齢（約140億年）程度待てば合体すると予想されるものが6例見つかっている。これらの連星では見えていないペアとなる相手の星も中性子星であると考えられている。実際に，1例では，両方の星がパルサーとして観測されている。宇宙年齢かけても合体するものはたったの6例しか存在しないのでは，われわれが合体を観測できる可能性は限りなく0に近いと思われるかもしれないが，そうではない。われわれの探査が及んでいるパルサー連星は，われわれの銀河系内の近傍に存在するものに限定される。したがって，遠方の銀河からの重力波も検出可能な感度を達成すれば，観測可能性は飛躍的に向上する。合体事象が起こる頻度は観測可能な領域の体積に比例するので，観測可能な距離が10倍になれば，事象の頻度は1000倍になる。さらに，すべての中性子星がパルサーであるわけではなく，また，パルサーの電波放射は非等方であり，多くのパルサーがわれわれの方向にはパルスを放射していない。これらを考慮すると，200 Mpcの距離まで連星中性子星の合体を重力波で観測することができる感度が達成されれば，年間に4回程度の中性子星連星合体事象が観測されると見積もられる。しかしながら，このような頻度の予想は観測的事実のみにもとづくわけではない。とりわけ，電波が弱くて観測できないパルサーがどの程度存在するかの予想には大きな不定性が含まれる。したがって，もっとも低い見積もりを採用すると5年程度観測を行って，ようやく1回程度しか観測されないという可能性も否定はできない。

　中性子星連星の合体は短ガンマ線バーストとよばれる天体現象を引き起こしているのではないかという説が有力視されている。ガンマ線バーストは0.1〜1000秒程度の間，MeV程度のエネルギーをもったガンマ線が突発的に放射される現象である。ガンマ線は何らかの要因で形成された相対論的（速度が光速

に近い $1 - v/c \ll 1$）ジェットから放射されていると考えられている。そう考えられる理由は，相対論的な速度でわれわれに向かって運動する物質からの放射でなければ，ガンマ線バーストの激しい時間変動と強大なエネルギーフラックスを矛盾なく説明できないためである。ガンマ線の放射継続時間の頻度分布を見ると，約2秒を境に継続時間の短い側と長い側に2つの山が現れる。そこで，それぞれは短ガンマ線バースト，長ガンマ線バーストと区別されている。長ガンマ線バーストには超新星爆発に似た成分が付随する場合があるが，短ガンマ線バーストにはそのような成分は見られない。観測から短ガンマ線バーストの頻度を評価すると中性子星連星の合体頻度とおおよそ一致する。また，中性子星連星合体では，相対論的ジェットの形成を可能とするような降着円盤が合体後に形成されると期待できる。そこで，長ガンマ線バーストは超新星爆発の中で特別なもの，短ガンマ線バーストは中性子星連星の合体ではないかと多くの研究者が考えている。

　中性子星連星の合体が重力波で観測されるとどのような情報がもたらされるだろうか。コンパクト星の連星軌道の時間変化は合体より十分に前のゆっくりと軌道パラメーターが変化するインスパイラル領域と，最終段階の動的に合体する領域に分けられる。先の説明からすると，重力波信号は動的合体領域のほうが大きいと予想するだろうが，実際のところ，100 Hz付近に感度のピークをもつ地上の重力波干渉計（後述）による観測ではインスパイラル領域のほうが信号の有意さの観点からは有利だ。インスパイラル領域では重力波の振幅は小さいがより長時間継続することもあり，このような逆転が起こる。インスパイラル領域では，それぞれの天体の内部構造を無視して質点として扱っても十分によい近似であるので，理論的に重力波の波形を予測するうえでの不定性は少ない（この点については次章でさらに詳述する）。このインスパイラル領域における重力波信号を一般相対論にもとづく重力波波形の理論的予測と比較することで，連星を構成する星の質量や自転などの情報を読みとることが可能となる。加えて，この比較で矛盾がないかどうかを検証することで，強い重力場の領域においても一般相対論が正しいかどうかを調べることができる。

　中性子星連星の場合，合体フェーズの重力波信号はkHz程度の振動数になり，地上の重力波干渉計の感度が落ちる高い振動数領域となるため観測は難しい。

152　第10章　重力波源となる天体現象

しかし，インスパイラル領域から合体領域へ移り変わるあたりからのより低い振動数の重力波信号によって，中性子星を構成する原子核密度の物質の性質が明らかにされる可能性が期待されている。連星が遠く離れている間は，それぞれの天体はほぼ孤立した天体と見なせる。しかし，たがいの距離が短くなると，相手の天体がつくる曲率の効果，いわゆる潮汐力が無視できない。潮汐力を受けた天体は相手の天体の方向に引き伸ばされる。この潮汐変形の大きさは天体の密度や圧力分布に依存する。変形の度合いによって束縛エネルギーに違いが生じ，そのため軌道周期の時間変化にも影響を与える。この影響を見ることで原子核密度の物質の密度–圧力関係が制限されると期待される。このような合体直前の重力の強い領域を調べるには解析的な計算では不十分であるが，近年の数値相対論の急速な発展により，信頼性の高い理論的予言が可能になってきている。

中性子星連星以外にも，中性子星とブラックホールからなる連星の可能性もある。これらの存在も理論的には期待されるが，残念ながらパルサーとブラックホール（後述の銀河中心に存在する超巨大ブラックホールではない恒星質量のブラックホール）の連星で，宇宙年齢程度以内に合体するものは見つかっていない。そのため，合体事象の頻度の評価には中性子星連星以上に大きな不定性がある。このような未知の連星が重力波観測を通して発見され，その形成機構などが明らかにされる可能性がある。また，多くの銀河の中心には巨大なブラックホールが存在していると考えられている。たとえば，われわれの銀河はダークマター成分も含めると全体で太陽質量の10^{12}倍程度の質量をもっていると考えられているが，その中心には太陽質量のおよそ4×10^6倍の質量をもつブラックホールが存在していると推定されている。超巨大ブラックホールの質量の推定にはまわりの降着円盤や星，ガスの観測が用いられる。われわれの銀河の場合，ブラックホール候補天体の周辺の星のケプラー運動の観測から，距離が決定されれば中心質量を見積もることができる。宇宙の歴史のなかで銀河同士の衝突合体が頻繁に起こったと考えられている。したがって，銀河中心の巨大ブラックホール同士も合体をくり返してきたと考えられ，そのような事象も重力波源となる。また，次章の話題となるが，巨大ブラックホールに太陽質量程度の天体が落下する現象の観測可能性も議論されている。

その他の重力波源

中性子星の形成過程で超新星爆発が起こると記述したが，この超新星爆発も重要な重力波源となり得る。重力崩壊を起こした星に発生した衝撃波面が外側へ進行し超新星爆発に至るためには，衝撃波面を内側から推す力が必要である。この推力としてニュートリノ[*2]による加熱がある。より内側の高温になった中心部のエネルギーをニュートリノによって外側へ運び出して温めることで，衝撃波面が膨張するためのエネルギーを注入するという発想である。しかしながら，球対称性を保った数値シミュレーションでは爆発現象を計算機内で起こすことができないということが長年の研究で明らかになった。近年の計算機の発展にともない，球対称性の制限を外した軸対称あるいは3次元の数値計算が可能になり，爆発現象が計算機の中でも起こるようになった。衝撃波面付近の領域では激しい対流が起こり，球対称計算では決してとらえることのできない不安定性の成長が爆発現象に重要な役割を果たしていたのである。ここで，前章で説明した重力波生成に関して式 (9.7) では表し切れていない重要な点を1つ思い出しておかなければならない。補足すべき点は，重力波の源となるのは質量分布の4重極モーメント Q_{ij} のトレースレス部分

$$Q_{ij} - \frac{1}{3}\delta_{ij}Q = 3\int \mathrm{d}^3x\,\rho(x)\left(x^i x^j - \frac{1}{3}\delta^{ij}|x|^2\right)$$

の時間変化であったという点である。Q は Q_{ij} の対角和（トレース）を表す。完全に球対称性が保たれると，上記の Q_{ij} のトレースレス部分は0となり重力波放射を起こさない。超新星爆発の物理過程の全容を理論的に明らかにするという研究課題は，まだまだ発展途上にあるが，大規模な質量の非球対称な移動が期待されることは間違いなさそうだ。したがって，超新星爆発に伴う重力波が観測される可能性が昔に比べるとおおいに高まったと考えられている。

[*2] ニュートリノは電気的に中性で電子よりも軽い粒子である。ニュートリノは弱い相互作用しかしないので，高密度の原子核密度に近い物質であってもあまり散乱されずにエネルギーを運ぶことができる。

154　第10章　重力波源となる天体現象

　このほかにも，パルサーのように高速回転する中性子星からも重力波が放出
される可能性がある。質量分布が回転軸に対して軸対称性をもっている場合に
は，回転しても4重極モーメントの時間変化はないので重力波放出は起こらな
い。しかし，軸対称性からのずれがあれば重力波放出が可能である。

　第7章で議論したインフレーション起源の重力波も観測可能性のある重力波
源の1つである。標準的でないがおもしろい可能性としては，宇宙初期に形成
された可能性のある宇宙ひも*3からの重力波がある。理論的には特徴的な重力
波波形が予測されており，もし重力波観測に適したパラメーターをもった宇宙
ひもが存在すれば，検出される可能性もある。

重力波の観測の展望

現在，まさに連星から放出される重力波を人類が初検出するという歴史的瞬間
を迎えている。アメリカのLIGO計画（https://www.ligo.caltech.edu/）に続き，
フランス・イタリアのVirgo計画（http://www.virgo-gw.eu/）もアップグレード
後の最初の観測を開始した。日本においては，KAGRA計画（http://gwcenter.
icrr.u-tokyo.ac.jp/）が進行中で，初期フェーズの建設を終え，2015年3月から
4月にかけて，最初の観測が行われた。他の検出器が第2世代と称されるのに
対して，KAGRAは第2.5世代の大型重力波検出装置とよばれている。そうよ
ばれる理由はKAGRAが神岡鉱山の地下トンネル内という地面振動の少ない環
境下に建設されている点と，レーザー干渉計を構成する鏡の熱雑音を減らすた
め鏡を冷却するという技術を導入する点にある。初期段階においては鏡の冷却
は行われていないので，冷却に向けたアップグレードが現在進行中である。こ
のため，他の計画に少し遅れるが2017年度中には冷却された鏡をもつ干渉計

---

*3　スカラー場を考えたとき，場のポテンシャルが〈図10.2a〉のような形をしていても，
宇宙初期の高温の状態では熱浴の影響によってポテンシャルが〈図10.2b〉のように変更さ
れる。温度が下がってくると，高温でのポテンシャルの極小点に留まることが最低エネル
ギー状態に対応しない。ところが，ポテンシャルの低い状態に遷移するさいにどの方向に
ポテンシャルを転がり落ちるかは一意に決定されないため，場所ごとにランダムな方向に
遷移を起こす。そのような遷移が起こるとポテンシャルの高い状態にとり残される領域が
3次元空間中にひも状に残される。それが宇宙ひもである。宇宙ひもが運動することで重
力波が放射される。

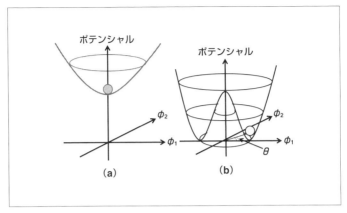

⟨図10.2⟩ 宇宙ひもを生み出すようなポテンシャル
高温状態では熱浴の効果で(a)のように$\phi_1 = \phi_2 = 0$が極小である。温度が下がり、本来のポテンシャル(b)が現れ、$\phi_1 = \phi_2 = 0$の状態は不安定化する。このとき$\tan\theta = \phi_2/\phi_1$で決まる落ち込む角度$\theta$は場所ごとにランダムな値をとる。周囲がそれぞれ異なる方向に落ち込むことで、$\phi_1 = \phi_2 = 0$にとり残される領域が線上に現れたものが宇宙ひもである。

が実現され、2019年度には本格的な観測が始まると期待される。

これらの大型重力波干渉計は100 Hzあたりを中心に2桁程度の幅の振動数の重力波に対して感度をもち、最終的な目標感度に到達すると、200 Mpc程度内で起こった中性子星連星合体が検出可能になる。これらの大型重力波干渉計は真空パイプにおさめられた3 km(KAGRAやVirgo)から4 km(LIGO)もの長さをもつ干渉計の腕をもつ。このような巨大施設を全世界で複数建設する理由がある。重力波観測は望遠鏡による天体観測と大きく異なる。望遠鏡の場合、人間の目の能力を増強したものととらえられるが、重力波観測は波のパターン検出という点で、むしろ耳の能力に近い。耳だけでも音の到来方向がわかるのは、2つの耳が受けとる信号の時間差を感知しているからである。到来方向を時間差から完全に決定するには、最低4つの耳が必要になる⟨図10.3⟩。実際には3台でもある程度よく方向を決定できるが、4台の場合に比べると不定性が1桁程度大きくなる。方向がわからないと、電磁波による追観測で対応天体を見つけることが難しく、得られた重力波の情報を宇宙で起こっている現象の理解に結びつけることが困難になる。その意味でも、日本のKAGRAが観測網

156　第10章　重力波源となる天体現象

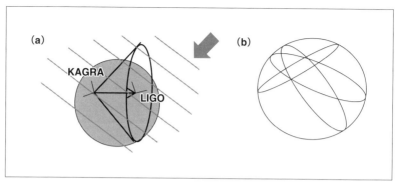

〈図10.3〉　到来時刻の差による重力波源の決定
（a）は矢印の方向から来た重力波の到来時刻の差を2台の検出器で測ったとき，同じ時間差を生み出す方向は天球上で円周となる。（b）は3台の検出器で到来方向を決める場合，3つの異なるペアによって決まる3つの円周は2か所で交わり，どちらか決定できない。

に加わる日が待たれる。また，気の早い話であるが，さらに1桁程度感度を上げた重力波検出装置の設計も始まっている。この第3世代の重力波検出装置は腕の長さも10 km程度のひと回り巨大な装置になる。そこにはKAGRAが挑戦している低温鏡の技術なども投入されることになるだろう。

　地上の重力波干渉計は重力波観測の筆頭ではあるが，他にも重力波観測の手段が提案されている。たとえば，先に登場したパルサーを用いて，重力波の影響でパルス周期がずれる効果を測定することで，周期が年スケールの長波長重力波を観測する計画にも期待がかかる。年スケールの長波長重力波は初期宇宙起源のものや，銀河中心に存在すると考えられる超巨大ブラックホール同士の合体起源のものなどが考えられる。異なる方向に存在する複数のパルサーからのパルス到来時刻の理論モデルからのずれが有意に見つかっていないことから，重力波の振幅に対する上限値がどんどんと下がってきている。パルス周期の観測誤差の小さいパルサーが現在計画進行中のSquare Kilometer Arrayなどの新たな電波観測手段によって今後大量に発見されることになれば，さらに重力波に対する感度が飛躍的に向上すると期待される。

　さらに，宇宙に重力波検出装置を打ち上げる将来計画も検討されている。われわれは地震のときにしか地面の振動を感じないが，細かい振動を含めると地

重力波の観測の展望　　157

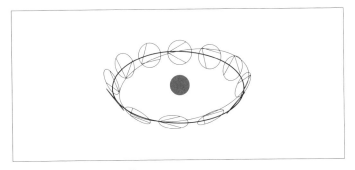

〈図10.4〉　レコード盤軌道
太陽公転軌道で編隊の形を保つ軌道が存在する。

表は絶えず振動している．高い精度を要求する重力波観測にとって，この地面振動は10 Hzよりも低い振動数領域では非常に大きく，地上での低周波重力波観測を困難にしている．この困難が宇宙空間に観測装置を運ぶことで一気に解消できる．また，重力波の通過により起きる変位を測定することで重力波を検出するわけだが，その変位の大きさは2点間の距離に比例して大きくなる．地上の重力波干渉計では鏡の間隔はkmスケールである．1つには地球の大きさが有限であり，重力波干渉計の腕が長すぎると地表が球面である効果が現れてくる．また，大気中ではレーザー光が散乱されてしまったり，光の伝播速度にゆらぎが生じたりするので，真空チューブ内にレーザー光を通す必要がある．長い距離の真空チューブ建設には多額の費用がかかる．それに対して，宇宙空間では鏡の距離を大きく離すことが可能だ．ただし，鏡の距離をほぼ一定に保ち，重力波の到来を待ち受けるのはそれほど容易ではない．さいわい，太陽を周回する軌道でたがいの距離が近似的に一定に保たれるレコード盤軌道とよばれる軌道が存在する．〈図10.4〉に示したように太陽のまわりを回る1つの円を基準として，この円を含む面に対して60度の角度で傾けた面内に複数の人工衛星を配置し，うまい初速度を与えると，理想的には人工衛星間のたがいの距離がほぼ一定に保たれる．宇宙空間では地面振動のようなノイズはないが，完全な真空ではないため，むき出しの人工衛星のままでは擾乱を直接受ける．このため，ドラッグフリーとよばれる技術が必要になる．これは人工衛星の内部に外乱を受けないよう鏡を浮かせて，人工衛星本体をその鏡に追随させて飛行さ

せる技術である。このような高度な衛星軌道制御技術に関しても2015年12月に打ち上げられたLISA pathfinderとよばれる技術立証衛星で, 将来の宇宙重力波アンテナの1つであるLISA計画に必要とされる目標値をほぼ達成したことが報告された（M. Armano *et al.*: Phys. Rev. Lett. **116**（2016）231101, doi:10.1103/PhysRevLett.116.231101）。LISAは10^{-2} Hzあたりでもっとも感度が高くなる重力波アンテナであり欧米の協力で進められている。日本ではDECIGO計画とよばれる, 10^{-1} Hzあたりでさらに高い感度を目指す野心的な計画と, それにつながる前段階のB-DECIGO計画に向けての技術検討が進められている。B-DECIGOは前段階の計画とはいうものの, LISAを上回る感度を目指している。実現すれば, GW150914のようなブラックホール連星のインスパイラル領域の重力波を宇宙の果てまで観測可能になり, ブラックホール連星の形成時期も明らかになる。また, DECIGOの究極の目標は宇宙背景重力波の観測である。第7章でインフレーション起源の宇宙背景重力波を紹介したが, そのさいには宇宙背景放射のBモード偏向の観測によって, その痕跡をとらえるという話をした。この観測に成功すれば, DECIGOのような10^{-1} Hz帯でインフレーション起源の背景重力波を直接観測できる可能性も出てくる。これよりも低振動数側では白色矮星合体からの重力波が高い頻度で起こるために背景重力波観測が原理的に不可能だと予想されている。一方, 振動数が高くなるとおよそ振動数に反比例してインフレーション起源の背景重力波の振幅は小さくなると予想される。したがって, DECIGOが目指す10^{-1} Hz帯はインフレーション起源の背景重力波を直接検出するうえで最適な周波数帯である。地上で実現不可能な高エネルギー状態の中で起こった宇宙初期のインフレーションを記述する理論を探る重要な手がかりをもたらすことがおおいに期待される。

まとめ

重力波が直接検出は, これまでの一般相対論の検証では成し得なかった強い重力場において, 一般相対論が本当に成立しているのかを検証する手段を与える。また, 重力波の発見は30倍の太陽質量をもったブラックホール連星という未知の天体の存在を明らかにした。このようなブラックホール連星がどのように形成されたのか現時点では大きな謎だが, 今後の研究で解明されていくだ

ろう。それだけでなく，今後，中性子星を含む連星合体を起源とする重力波や超新星爆発による重力波が観測されるのも時間の問題だ。電磁波では見通すことのできないような高密度天体現象の内部で起こっている現象に関する物理的情報をもたらす革新的に新しい観測手段を重力波はもたらす。宇宙最大の爆発現象であるガンマ線バーストの中で継続時間の短い種族の起源，宇宙における金や白金といった希少な元素の起源，超新星爆発の爆発機構の解明といったさまざまな研究の広がりが重力波観測によってもたらされることが期待される。

第 11 章

「最後の3分間」：
連星合体における重力波波形予測

重力波は時空の曲率の波，あるいは，潮汐力の波であった。重力波の直接検出は，これまでにない強い重力場での一般相対論の検証に加えて，電磁波では見通せない高密度天体内部の物理的情報をもたらす。とはいえ，これまで長い間人類が重力波を直接検出ができなかったのにはわけがある。重力波の信号は重力波干渉計の2本の腕の長さをわずかに変化させるが，その変化は 10^{-18} m という途方もない小ささである。一般に，そのような微弱な信号をとらえるには，理論計算による重力波波形の予測が必要になる。

▌連星合体の最後の3分間

ワインバーグ（S. Weinberg）の有名な著書に『宇宙創成はじめの3分間』（小尾信彌訳，筑摩書房，2008）がある。宇宙初期を記述するビッグバン宇宙モデルにおける軽い元素合成の過程を表した表題だが，近年の重力波研究に大きなインパクトを与えた論文に似たようなタイトルの「最後の3分間」という論文がある[1]。この論文は1992年に発表された論文で，その著者の1人に重力波研究の推進に多大な影響を及ぼしたソーン（K. S. Thorne）の名前がある。ソーン氏は，「はじめに」で触れた "Interstellar"（邦題「インターステラー」）という映画の製作指揮をつとめた人でもある。この論文は，重力波検出には検出器の感度を上げるだけではなく，理論的研究が必要不可欠であることを研究者に印象づけた。少なくとも，当時大学院生であった私はこの論文によっておおいに啓発された。

　なぜ，理論研究が検出に必要なのか？　冒頭に述べたように期待される重力波信号は非常に微弱である。もちろん，非常に感度がよければ，どんな微弱な

信号であってもとらえることは可能だ。しかし，より高い技術とコストが要求される。そこで，同じ感度であっても検出効率を高める方法として考えられるのが，重力波波形を理論的に予想し，予想と一致した波形がやってくるかを計算機で解析することで重力波を検出する手法である。群衆の中で，会話をしている相手の声だけを聞き分けることは難しいはずだが，われわれの脳はそれをやってのけている。相手の声の波形を予想し，騒音の中から抽出しているわけだが，相手の声の波形予測が存在してこそこれが可能になる。予想がうまくできない外国語を話す人の声を騒音の中で聞きとることはとても難しい。一方，騒音のない静寂な中であれば，意味は理解しなくても外国語をある程度聞きとることは可能だろう。この騒音の中で人の声を聞き分けるのと同じことを重力波検出でもやるというのがアイデアだ。そのためには，波形の理論的予測が不可欠となる。

　理論的波形の予測と一言にいっても，どんなものでも理論で予測できるほどわれわれの物理の理解は成熟していない。しかし，信頼性をもって理論的波形予測が可能な状況は存在する。それが連星合体に向かう過程である〈図11.1〉。すでに，これまでの章で説明したように，連星は最初比較的大きな軌道半径でたがいのまわりを公転する。重力波放出により連星のエネルギーは失われ，たがいに落下する。すなわち，軌道半径が小さくなる。軌道半径が十分に小さく

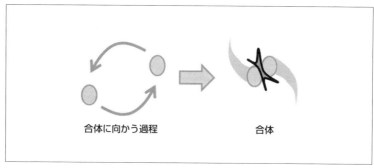

〈図11.1〉　中性子星連星合体の概念図
左側は合体に向かう過程。重力波放出でエネルギーを失うことで徐々に軌道半径が短くなり，やがて合体する。

ポストニュートン近似　　163

なると連星は合体するが，そこに至る過程の連星間距離の大きい段階では中性子星やブラックホールのようなコンパクト天体は質点と近似しても十分によいと期待される。

　加えて，連星合体に向かう過程はゆっくりと進行する。「最後の3分間」という表題からもわかるように，中性子星連星合体の場合に最大で3分間ほど地上の重力波検出器の観測帯域に留まる。上述の群衆の中で人の声を聞き分けるたとえでは，外国語を話す人の声は聞きとることができなくても，その人が大きな声で悲鳴をあげれば，何か大変だと気づくだろう。一方で，その人が小さな声で延々と同じ話をくり返していても，聞きとることができない人には，同じ話をくり返していることにすら気づかないだろう。長時間（3分間），比較的微弱な重力波信号が継続する連星合体への過程は，まさに後者に該当する。

ポストニュートン近似

連星合体からの重力波波形予測の標準的手段に，ポストニュートン近似とよばれる近似法がある。第4章で弱い重力の近似を議論した。このとき，計量の摂動に関して線形近似を行い，ニュートン力学でなじみのポアソン方程式を導出した。重力ポテンシャルΦの大きさは，重力によるポテンシャルエネルギーと運動エネルギーがほぼつり合うことから，$\Phi = O(v^2)$と評価される。無次元化した量を考えるほうがわかりやすいので，無次元化した量Φ/c^2を考えれば，

$$\frac{\Phi}{c^2} = O\left(\frac{v^2}{c^2}\right)$$

となる。Φ/c^2が小さいとする近似は，天体の運動が遅いとして，v^2/c^2に関して摂動展開することを意味する。第4章で，計量の摂動$h_{\mu\nu}$から$\psi_{\mu\nu} \equiv h_{\mu\nu} - \eta_{\mu\nu}h/2$という量を定義し，4つの座標条件

$$\psi^{\nu}_{\mu,\nu} = 0 \tag{11.1}$$

を課すと，摂動の方程式は$\psi_{\mu\nu}$の2次以上の量を無視する近似で

164 　第11章　「最後の3分間」：連星合体における重力波波形予測

$$
\left(-\frac{\partial^2}{c^2 \partial t^2} + \Delta\right)\psi_{\mu\nu} = -\frac{16\pi G_{\mathrm{N}}}{c^4}T_{\mu\nu}, \qquad \Delta = \frac{\partial^2}{\partial x^2} + \frac{\partial^2}{\partial y^2} + \frac{\partial^2}{\partial z^2} \tag{4.3}
$$

が得られると説明した。ここで右辺の$T_{\mu\nu}$は天体のエネルギー運動量テンソルである。式(4.3)には元来$\psi_{\mu\nu}$の2次以上の量も存在するので，それらを$\Gamma_{\mu\nu}(\psi)$と表すならば形式的に，より完全な方程式は

$$
\left(-\frac{\partial^2}{c^2 \partial t^2} + \Delta\right)\psi_{\mu\nu} = \frac{16\pi G_{\mathrm{N}}}{c^4}T_{\mu\nu} + \Gamma_{\mu\nu}(\boldsymbol{\psi}) \tag{11.2}
$$

と書ける。計量の摂動を表す$\psi_{\mu\nu}$を

$$
\psi_{\mu\nu} = \frac{1}{c^2}\psi_{\mu\nu}^{(1)} + \frac{1}{c^4}\psi_{\mu\nu}^{(2)} + \cdots
$$

のように$1/c$のべきで展開することで，

$$
\Delta\psi_{\mu\nu}^{(1)} = \frac{16\pi G_{\mathrm{N}}}{c^2}T_{\mu\nu}^{(0)} \tag{11.3}
$$

$$
\Delta\psi_{\mu\nu}^{(2)} = \frac{16\pi G_{\mathrm{N}}}{c^2}T_{\mu\nu}^{(1)} + \frac{\partial^2\psi_{\mu\nu}^{(1)}}{\partial t^2} + \Gamma_{\mu\nu}^{(2)}\left(\boldsymbol{\psi}^{(1)}, \boldsymbol{\psi}^{(1)}\right) \tag{11.4}
$$

と，各次数での方程式が得られる。ここで，$\Gamma_{\mu\nu}^{(2)}(\psi, \psi)$は$\Gamma_{\mu\nu}(\psi)$の中で$\psi_{\mu\nu}$に関して2次の部分をとり出したものである。$T_{\mu\nu}$についても

$$
T_{\mu\nu} = T_{\mu\nu}^{(0)} + c^{-2}T_{\mu\nu}^{(1)} + c^{-4}T_{\mu\nu}^{(2)} + \cdots
$$

と展開したが，これには理由がある。式(11.3)の両辺に∂^μを作用させると，偏微分は交換するので，左辺は

$$
\partial^\mu\Delta\psi_{\mu\nu}^{(1)} = \Delta\partial^\mu\psi_{\mu\nu}^{(1)} = 0
$$

となる。ここで2つ目の等号には式(11.1)を用いた。このため，$\partial^\mu T_{\mu\nu}^{(0)} = 0$が導かれる。これはエネルギー運動量テンソルの保存則$T_{\mu\nu}{}^{;\mu} = 0$（微分が共変微分であることに注意）を$1/c$展開した最低次の関係式にほかならない。しかし，

共変微分とただの偏微分は異なるので，$T_{\mu\nu}{}^{;\mu}=0$ と $\partial^{\mu}T_{\mu\nu}=0$ は両立しない。したがって，エネルギー運動量テンソルの一部は $c^{-2}T_{\mu\nu}^{(1)}$ や $c^{-4}T_{\mu\nu}^{(2)}$ のように $1/c$ 展開の高次補正としてとり扱わなければならない。

これらの方程式を逐次解く近似法をポストニュートン展開とよぶ。式 (11.3) がニュートン重力に対応する（したがって，$T_{\mu\nu}^{(0)}$ には密度に依存した tt 成分しか含まれない）。ニュートン重力に比べて $1/c^2$ だけ精度の高い近似を1次のポストニュートン近似（1 PN），$1/c^4$ だけ精度の高い近似を2次のポストニュートン近似（2 PN）のようによぶ。

■ ポストニュートン近似の大変さ

式 (11.3) や式 (11.4) の方程式をつぎつぎに解けばよいといっても，問題はそれほど簡単ではない。例として，式 (11.4) の右辺第2項の寄与を考えてみよう。$\psi_{\mu\nu}^{(1)}$ は動く天体がつくる重力ポテンシャル（のようなもの）であるから，天体1の軌跡を $z_1(t)$ と表すと $\psi_{\mu\nu}^{(1)} \sim Gm_1/|\boldsymbol{x}-\boldsymbol{z}_1(t)|$ のような寄与を含む。この寄与に着目し，式 (11.4) の右辺第2項からの $\psi_{\mu\nu}^{(2)}$ への寄与を考えると，

$$\Delta^{-1}\frac{\partial^2\psi_{\mu\nu}^{(1)}}{c^2\partial t^2} \sim \frac{\partial^2}{c^2\partial t^2}\Delta^{-1}\frac{Gm_1}{|\boldsymbol{x}-\boldsymbol{z}_1(t)|}$$

のような項を含む。ここに現れる

$$\Delta^{-1}\left(\frac{1}{|\boldsymbol{x}-\boldsymbol{z}_1(t)|}\right)$$

という量は，$\Delta^{-1}r^{-1}=r/2$ を用いて積分することができる[*1]ように見えるが，

[*1] r にしか依存しない関数 $f(r)$ にラプラス演算子 Δ を作用させると，

$$\Delta f(r)=\left(\frac{\partial^2}{\partial x^2}+\frac{\partial^2}{\partial y^2}+\frac{\partial^2}{\partial z^2}\right)f(r)=\frac{\partial}{\partial x}\frac{\partial r}{\partial x}f'(r)+\cdots=\frac{\partial}{\partial x}\frac{x}{r}f'(r)+\cdots$$

$$=\left(\frac{x}{r}\right)^2 f''(r)+\left(\frac{1}{r}-\frac{x^2}{r^3}\right)f'(r)+\cdots=f''(r)+\frac{2}{r}f'(r) \tag{11.5}$$

であることを用いれば，$r^{-1}=\Delta(r/2)$ が容易に確かめられる。

166　　第11章　「最後の3分間」：連星合体における重力波波形予測

　ここで問題がある。重力ポテンシャルを求めるさいに解が一意に決まるのは遠方で0に近づくという境界条件を課したからである。ところが，$\psi_{\mu\nu}^{(2)}$を求める問題では同様の境界条件のもとで解を見つけることができない。

　上記の困難が発生するのは本質的には時間発展の方程式（波動方程式）である式（11.2）を，ポテンシャルを求める問題（楕円型方程式を解く問題）に帰着させてしまったことにある。注2内の式（11.5）を用いると，式（11.2）の左辺にある$-c^{-2}\partial^2/\partial t^2+\Delta$（ダランベール演算子）の作用は$t$, rのみの関数$f(t,r)$に対しては，

$$\left(-\frac{\partial^2}{c^2\partial t^2}+\Delta\right)f(t,r)=\frac{1}{r}\left(-\frac{\partial^2}{c^2\partial t^2}+\frac{\partial^2}{\partial r^2}\right)rf(t,r)=-\frac{1}{r}\frac{\partial^2}{\partial u\partial v}rf(t,r)$$

と書き換えられる。ここでu, vは$u=ct-r$, $v=ct+r$で与えられる光的な座標である。十分遠方では，式（11.2）は$(-c^{-2}\partial^2/\partial t^2+\Delta)\psi_{\mu\nu}=0$という源のない方程式で近似でき，$U(u)$および$V(v)$を任意関数として$\psi_{\mu\nu}\propto[U(u)+V(v)]/r$が解であることがわかる（ここでは角度依存性も無視したが，十分遠方では角度方向の微分は無視できるので，角度依存性がある場合の解のふるまいも大差はない）。ここで，$U(u)$は外向きに伝播する波，$V(v)$は内向きに伝播する波をそれぞれ表す。外向きに伝播する波に着目して$1/c$で展開すると，

$$\begin{aligned}\frac{U(u)}{r}=\frac{U(ct-r)}{r}&=\frac{U(ct)-U'(ct)r+(1/2)U''(ct)r^2+\cdots}{r}\\&=\frac{U(ct)}{r}-\frac{\partial U(ct)}{c\partial t}+\frac{r}{2}\frac{\partial^2 U(ct)}{c^2\partial t^2}+\cdots\end{aligned}\tag{11.6}$$

となり，この計算からもrの正べきの項が現れることがわかる。しかし，今回は外向きに伝播する波のみを選ぶという物理的な境界条件で選ばれた解である点が異なる。$1/c$展開のように時間微分が小さいとは近似せずに，非線形のアインシュタイン方程式を解くことは困難だが，物質のない領域の解，すなわち，真空解に限ると摂動的に解を構成できることが示されており，ポストミンコフスキー展開とよばれる。$1/c$展開とポストミンコフスキー展開，2つの近似方法の両方が成立する中間領域で解をマッチングすることで物理的な近似解が得

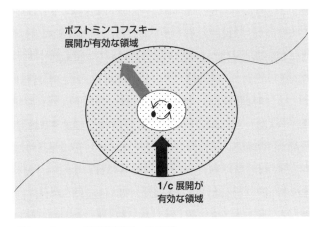

〈図11.2〉 2つの近似のマッチング
ポストミンコフスキー展開が有効な真空領域（灰色）と，$1/c$ 展開が有効な重力波の波長よりも短い半径の領域（ドット）の両者が有効な中間領域が存在する。

られる。〈図11.2〉に示したように，重力波の波長が連星の軌道半径に比べて十分に長いいまの状況では，この中間領域が存在する。ポストミンコフスキー展開は物質のない真空の領域に限られるので，軌道半径の外側でのみ有効である。一方，$1/c$ 展開が破たんするのは式（11.6）の展開で $1/c$ 展開の高次項がより大きくなるような領域である。半径が大きくなればなるほど高次項が大きくなる。この式に含まれる時間微分の大きさは，おおよそ重力波の振動数程度と見積もれるので，$c/$（重力波の振動数）＝（重力波の波長）程度の半径になると，高次項が同じ大きさになり，$1/c$ 展開がもはや収束しないことがわかる。このような解のマッチングの問題以外にも，計算上で困難な点はたくさんある。

保存量のバランスの議論

連星の運動が解けても，それが重力波波形とどう結びつくかが疑問かもしれない。もちろん，計量の摂動と連星の運動を完全に解けば，遠方で観測される重力波波形も予測可能だ。しかし，実際の計算の進展の歴史を振り返るうえでは保存力の効果と散逸の効果を分離して考えるのが適切である。保存力とはエネルギーや角運動量が保存する力という意味である。本当は重力波の放出によっ

168 第11章 「最後の3分間」：連星合体における重力波波形予測

てエネルギーや角運動量が失われるため，それらは保存しないが，放出された
分だけエネルギーや角運動量が入射重力波で補うことで散逸の効果を無視す
る。これは，上述の議論で外向きに伝播する波$U(u)$のみでなく，式(11.6)に
おける$1/c$の奇数べきの項を相殺するように内向きに伝播する波$V(v)$も適当
に存在させることで可能になる（高次のポストミンコフスキー展開ではこのよ
うな分解は難しいが，いまは気にしない）。保存力を考える範囲で，連星系の
軌道周期や近星点移動速度などが，系のエネルギーと角運動量の関数として求
まる。保存力だけがはたらく系では軌道周期は時間変化せず，連星合体を記述
することはできない。一方で，無限遠方での計量の摂動からは，単位時間あた
りに重力波として放出されるエネルギーや角運動量が見積もられる。この散逸
の効果をとり入れることにより，連星のもつエネルギーや角運動量の値が更新
され，軌道が時間発展すると考える。このようにして軌道の時間発展を計算す
る手法をバランスの議論とよぼう。

　なぜ，このような分離が有用かをもう少し説明すべきだろう。散逸の寄与は
ポストミンコフスキー展開の最低次では，式(11.6)において，時間反転（$u \Leftrightarrow v$
の入れ替え）に対して非対称な$1/c$の奇数べきの項に現れる。式(11.6)では右
辺第2項として現れており，ニュートン重力の項（第1項）に比べて$1/c$（0.5
PN）だけ高次の寄与を与える。しかし，球対称放射ではなく，重力波は4重極
放射であることが影響し，ニュートン重力の項に比べて$1/c^5$（2.5 PN）だけ高
次の項から散逸の効果が始まる。つまり，$1/c$展開の最低次の散逸効果を議論
するには，$1/c^5$（2.5 PN）までの計量の展開が必要という不経済が生じる。この
ようなロスを避ける手段としてバランスの議論が有用である。

急速なポストニュートン近似の理論の進展

「最後の3分間」が発表された当初は2 PNの連星軌道の計算は存在したが，エ
ネルギー流量の計算はなされていない状況であった。20年あまりの間に計算
は着実に進歩を見せて，現在では重力波波形の計算については3.5 PNの次数
まで，保存力による連星軌道の計算については4 PNまで進んでいる。計算は
もはや手計算では不可能な領域に突入しているが，今後も進展を見せるであろ
う。さらに，それぞれの天体の自転の効果をとり入れることも波形の予測にお

いて重要であるが，そのような計算も進んでおり，地上の重力波干渉計による
重力波観測に向けた準備としての最低限は整ったと考えられている。

ブラックホール摂動論

波形の予測のもう1つの方法としてブラックホール摂動がある。アインシュタ
イン方程式の真空解で，遠方においてミンコフスキー時空に近づく正則な（特
異点があっても事象の地平線内部に隠されている）解はカー解に限られる。
カー解は回転するブラックホールを表す解で，回転のない極限をとれば第8章
で解説したシュワルツシルト解になる。その計量は

$$ds^2 = -\left(1 - \frac{2Mr}{\Sigma}\right)dt^2 - \frac{4Mar\sin^2\theta}{\Sigma}dt\,d\phi + \frac{\Sigma}{\Delta}dr^2 + \Sigma d\theta^2$$
$$+ \left(r^2 + a^2 + \frac{2Ma^2r}{\Sigma}\sin^2\theta\right)\sin^2\theta d\phi^2$$
$$\Sigma = r^2 + a^2\cos^2\theta, \qquad \Delta = r^2 - 2Mr + a^2 \tag{11.7}$$

と与えられる[2]。Mは質量，$a(|a| < M)$は回転を表すパラメーターである（G_N
およびcを1とした）。このブラックホール時空上の点粒子の運動を考えるこ
とで，質量比の大きな連星からの重力波波形の予測を行う。銀河中心に存在す
るとされる巨大ブラックホールにコンパクト天体が落下する現象は，質量比の
大きな連星と見ることができる。質量比が大きいため，コンパクト天体の運動
が生成する重力波の観測から，巨大ブラックホールの時空構造を乱さずにとら
えられる。

　ブラックホール摂動の方法のメリットは，運動がゆっくりであるというポス
トニュートン近似の制約に縛られない点である。重力波放出率は質量が小さい
方の天体の質量mの2乗に比例するのに対して，束縛エネルギーはmに比例す
る。そのため，質量比が大きいと重力波放出による軌道の発展が遅く，v/cが
1に近い強い重力の領域に軌道が長く滞在し，$1/c$展開の高次補正に対して敏
感になる。そのため，ブラックホール摂動の方法が有用となる。この方法が実
際有用であるのは，重力場の摂動方程式を式(11.7)で与えられるカー時空上で
自在に解けるからだが，その手法の中には，佐々木–中村方程式や間野–鈴木–

170 第11章 「最後の3分間」：連星合体における重力波波形予測

高杉の方法など，日本人の名前のついたものも多く，日本の研究者も重要な役割を担っている[3]。

カーター定数とその時間変化率

カー時空の計量（11.7）は複雑だが，tやϕに依存しないという顕著な性質をもつ。そのため，$\xi^{\mu}_{(t)} := \partial x^{\mu}/\partial t$や$\xi^{\mu}_{(\phi)} := \partial x^{\mu}/\partial \phi$は第4章で解説したキリング方程式$\xi_{\mu;\nu} + \xi_{\nu;\mu} = 0$を満たすキリングベクトルとなる。対称テンソル$\tilde{T}_{\mu\nu}$が共変的な保存則$\tilde{T}^{\mu}{}_{\nu;\mu} = 0$を満たすならば，$\tilde{J}_{\mu} := \tilde{T}_{\mu\nu}\xi^{\nu}$に対して

$$\tilde{J}^{\mu}{}_{;\mu} = \tilde{T}^{\mu}{}_{\nu;\mu}\xi^{\nu} + \tilde{T}^{\mu}{}_{\nu}\xi^{\nu}{}_{;\mu} = 0 \qquad (\because \tilde{T}^{\mu\nu}\xi_{\nu;\mu} = -\tilde{T}^{\mu\nu}\xi_{\mu;\nu} = -\tilde{T}^{\mu\nu}\xi_{\nu;\mu})$$

が成り立つ。

$$\tilde{J}^{\mu}{}_{;\mu} = \left(-g\right)^{-1/2} \partial_{\mu}\left(-g\right)^{1/2} \tilde{J}^{\mu}$$

である[*2]ので，〈図11.3〉に示したような領域で0を体積積分した量が0になるという関係式が，ガウスの定理により

$$\int_{\Sigma_1} \mathrm{d}^3 x \sqrt{g_{(3,t)}} \tilde{J}^{\mu} n^{(t)}_{\mu} - \int_{\Sigma_2} \mathrm{d}^3 x \sqrt{g_{(3,t)}} \tilde{J}^{\mu} n^{(t)}_{\mu} = -\int_{\Gamma} \mathrm{d}^3 x \sqrt{g_{(3,r)}} \tilde{J}^{\mu} n^{(r)}_{\mu} \qquad (11.8)$$

という表面積分の間の関係式に書き換えられる。ここで，$g_{(3,t)}$，$n^{(t)}_{\mu}$はそれぞれ，空間的な面$\Sigma_{1,2}$上の3次元計量の行列式，tが増加する向きのt一定面に垂直な単位ベクトルを表す。$g_{(3,r)}$，$n^{(r)}_{\mu}$もtをrに，Σ_1をΓにおき換えただけで同様である。

一方で，カー時空の計量を$g^{(0)}_{\mu\nu}$と書き，計量を$g_{\mu\nu} = g^{(0)}_{\mu\nu} + \varepsilon h_{\mu\nu}$とおいて，ア

---

*2　線形代数の公式として，$g_{\mu\sigma}$の余因子行列式を$\tilde{g}^{\mu\sigma}$として逆行列$g^{\mu\sigma}$は$g^{\mu\sigma} = \tilde{g}^{\mu\sigma}/g$で与えられる。また，行列式の定義から，行列式$g$の変分は行列の成分$g_{\mu\sigma}$の変分に対応する余因子行列式を掛けて和をとったものである。式で書くと$\delta g = \delta g_{\mu\sigma}\tilde{g}^{\mu\sigma}$である。これらを組み合わせると$\Gamma^{\mu}{}_{\mu\rho} = (\sqrt{-g})_{,\rho}/\sqrt{-g}$が得られる。$\tilde{J}^{\mu}{}_{;\mu} = \tilde{J}^{\mu}{}_{,\mu} + \Gamma^{\mu}{}_{\mu\rho}\tilde{J}^{\rho}$，および，$\Gamma^{\mu}{}_{\mu\rho} = g^{\mu\sigma}g_{\mu\sigma,\rho}/2$にこの関係式を用いると，

$$\tilde{J}^{\mu}{}_{;\mu} = \left(-g\right)^{-1/2} \partial_{\mu}\left(-g\right)^{1/2} \tilde{J}^{\mu}$$

が導かれる。

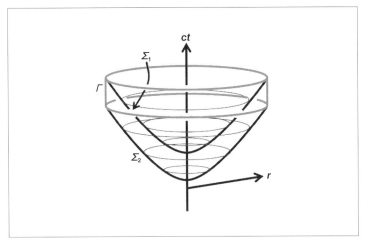

〈図11.3〉 体積積分の領域
$\Sigma_{1,2}$とΓで囲まれた領域での体積積分を考える。$\Sigma_{1,2}$は空間的な3次元曲面（＝法線ベクトルが時間的）で遠方では$u \equiv ct - r =$一定に近づくように選んでいる。Γは$r =$一定の時間的な3次元曲面（＝法線ベクトルが空間的）である。

インシュタイン方程式をεの2次まで展開すると，

$$\varepsilon G^{[1]}_{\mu\nu}[\boldsymbol{h}] + \varepsilon^2 G^{[2]}_{\mu\nu}[\boldsymbol{h}, \boldsymbol{h}] = \frac{8\pi G_{\mathrm{N}}}{c^4} \varepsilon T_{\mu\nu} + O(\varepsilon^3) \tag{11.9}$$

が得られる。左辺はアインシュタインテンソルを$\boldsymbol{h}$に関して展開したものである。添字[1]や[2]は$\boldsymbol{h}$に関する次数を表す。0次の項$G^{[0]}_{\mu\nu}$はカー時空の計量$g^{(0)}_{\mu\nu}$が真空解であるから0である。

ここで，ビアンキ恒等式$G^{\mu\nu}{}_{;\nu} = 0$も$\boldsymbol{h}$に関して1次まで展開すると，

$$\nabla_\nu G^{\mu\nu}_{[0]} + \varepsilon \delta\Gamma^{\mu}{}_{\nu\rho} G^{\rho\nu}_{[0]} + \varepsilon \delta\Gamma^{\nu}{}_{\nu\rho} G^{\mu\rho}_{[0]} + \varepsilon \nabla_\nu G^{\mu\nu}_{[1]}[\boldsymbol{h}] = O(\varepsilon^2)$$

となる。ここで∇_νはカー時空の計量$g^{(0)}_{\mu\nu}$に付随した共変微分（つまり，$g^{(0)}_{\mu\nu}$から計算されたクリストッフェル記号を使う）で，$\delta\Gamma^{\mu}{}_{\nu\rho}$は$g_{\mu\nu}$から計算したクリストッフェル記号と$g^{(0)}_{\mu\nu}$から計算したクリストッフェル記号の差を表す。いずれにせよ，$G^{[0]}_{\mu\nu} = 0$から最初の3項は0となり，$\nabla_\nu G^{\mu\nu}_{[1]}[\boldsymbol{h}] = 0$が任意の$\boldsymbol{h}$に対し

172   第11章 「最後の3分間」：連星合体における重力波波形予測

て成立することがわかる。そこで，式(11.9)に∇^{μ}を作用させると，

$$\nabla^{\mu}\left(\frac{8\pi G_{\mathrm{N}}}{c^4}T_{\mu\nu}-\varepsilon G_{\mu\nu}^{[2]}\big[\boldsymbol{h},\boldsymbol{h}\big]\right)=O\big(\varepsilon^2\big)$$

を得る。つまり，カー時空の計量$g_{\mu\nu}^{(0)}$に付随した共変微分に対して保存する2階対称テンソル

$$\tilde{T}_{\mu\nu}=T_{\mu\nu}-\varepsilon\frac{c^4}{8\pi G_{\mathrm{N}}}G_{\mu\nu}^{[2]}\big[\boldsymbol{h},\boldsymbol{h}\big]$$

が得られた。この$\tilde{T}_{\mu\nu}$から，カー時空の計量$g_{\mu\nu}^{(0)}$がもつキリングベクトル$\xi_{(t)}^{\mu}$，$\xi_{(\phi)}^{\mu}$に対応した式(11.8)の保存則がそれぞれ得られる。たとえば，$\xi_{(t)}^{\mu}$に付随した保存量であるエネルギーについて考えると，式(11.8)の左辺は天体のもつエネルギーの変化分を，右辺は遠方でのエネルギー流を表す。バランスの議論から（散逸の効果を無視したさいに）保存（する）量の時間変化を導くにはこのような保存流$\tilde{J}^{\mu}$の存在が不可欠である。

　粒子の運動は3次元的であるので，運動が完全に1階積分できる（位置を決めると速度が決まる）ためには3つの保存量が必要である。カー時空はキリングベクトルを$\xi_{(t)}^{\mu}$と$\xi_{(\phi)}^{\mu}$の2つしかもたないが，驚くべきことにカー時空上の粒子の運動にはもう1つの保存量，カーター定数Q[4]が存在する。定数という言葉を使っているが，あくまで重力波放出による反作用を無視する近似において定数という意味である。このカーター定数Qには対応するキリングベクトルも，保存流$\tilde{J}^{\mu}$も存在しない。したがって，Qの時間変化を無限遠方での重力波からは読みとれない。このため，バランスの議論で軌道の変化が議論できるのは特殊な軌道（円軌道の場合や赤道面軌道の場合）に限られる。

重力波輻射反作用問題

無限遠方の重力波からはQの時間変化が読みとれないなら，質量mの天体自身がつくり出す摂動が，自分自身に及ぼす自己力を計算することでQの時間変化を求めるしかない。このための定式化がはじめて与えられたのは1996年である[5]。その後，具体的な計算手法に関する模索が続けられた。困難な点は発

散の除去にある。質点のつくる重力ポテンシャルを考えれば，質点の位置で計量の摂動が発散することは想像できるだろう。1996年の定式化で差し引くべき発散部分を与えてはいるが，カー時空上の摂動でその差し引きを具体的に計算することは非常に難しい。しかし，時々刻々のQの変化は座標変換の自由度で消すことができるため，Qの時間変化でわれわれが本当に知りたいのはその長時間平均である。長時間平均を計算するには，計量の摂動を解くさいの境界条件として無限の過去から入射波がないという遅延境界条件を課したもの$h_{(遅延)}$と，逆に無限の未来に出ていく波がないという先進境界条件を課したもの$h_{(先進)}$で符号を逆にしたものとで同じ答えを導く。そのため，物理的な境界条件を満たす$h_{(遅延)}$の代わりに$h_{(輻射)} := (h_{(遅延)} - h_{(先進)})/2$を用いてもよい。自己力の計算でとり除くべき発散は$h_{(先進)}$と$h_{(遅延)}$で共通であるため，$h_{(輻射)}$を考えると自動的に発散が相殺し，煩雑な計算が大幅に省略される。この発見に基づき，Qの時間変化に関する実用的な公式が得られた[6]。

　このようにして，ブラックホール摂動の方法によって質量比の最低次に関してはポストニュートン近似に頼らずに重力波波形を導出できるようになったが，質量比に関する次の次数にまで拡張することが重力波波形予測の観点からは必要とされている。この拡張は難問で，現在も精力的に研究が進められている。

◼ まとめ

この章では連星合体に至る過程で放出される重力波波形予測の理論的研究の進展について概観した。この分野は私自身の研究分野でもあるので，どのような議論が近年なされてきたかの一端を紹介できればと考えた。波形予測に関する理論研究は着実に進歩を遂げ，地上の干渉計による重力波観測に向けてはかなり準備が整っているといえる。一方で，さらなる発展が必要とされる部分もあり，現在も日進月歩の研究分野となっている。

174   第11章　「最後の3分間」：連星合体における重力波波形予測

回転するブラックホールにおけるペンローズ過程

何の予備知識もなしに，式(11.7)で与えられるカー解における事象の
地平線がどこにあるかをいい当てるのはちょっとした難問である。こ
こでは，答えを知っているのでr＝一定面に着目してみよう。この面
に垂直なベクトルはn_μは$\partial r/\partial x^\mu$と与えられる。なぜなら，$r$＝一定面
上の曲線$x^\mu(\lambda)$を考えると，その曲線に沿う方向のベクトルは$\mathrm{d}x^\mu/\mathrm{d}\lambda$
と得られ，$n^\mu \mathrm{d}x^\mu/\mathrm{d}\lambda = \mathrm{d}r/\mathrm{d}\lambda = 0$と計算されるため，$n^\mu$と$\mathrm{d}x^\mu/\mathrm{d}\lambda$は
つねに垂直であるとわかる。曲線$x^\mu(\lambda)$を適当に変えれば，r＝一定
面上の任意のベクトルを$\mathrm{d}x^\mu/\mathrm{d}\lambda$で表すことができる。したがって，
r＝一定面上の任意のベクトルとn^μが垂直であることから，n^μはr＝
一定面に垂直なベクトルである。このn^μのノルム$n^\mu n_\mu$を考える。
$n_r = 1$でそれ以外の成分が0であることから，$n^\mu n_\mu = g^{\mu\nu} n_\mu n_\nu = g^{rr}$で
ある。カー計量の$g_{r\mu}$成分はg_{rr}以外0であるのでg^{rr}は，たんに$g_{rr}^{-1} =$
Δ/Σであることがわかる。このノルム$n^\mu n_\mu$の符号が$\Delta = 0$となる$r =$
$M + \sqrt{M^2 - a^2}$で角度座標θによらずにいっせいに変わることがわか
る。これは，r＝一定の面が，時間的な（垂直なベクトルが空間的な
方向を向いている）面から，空間的な（垂直なベクトルが時間的な方
向を向いている）面に変わるということである。r＝一定面が空間的
になってしまった領域では，時間の進む方向にrは減り続ける（ある
いは，ホワイトホールなら増え続ける）しかないことを意味する。つ
まり，一度その領域に入ったら抜け出せない。

　さて，ペンローズ過程の話だが，これは回転するブラックホールの
回転エネルギーを引き出すプロセスである。外から粒子を落とし，そ
の粒子が2つの粒子に崩壊したとする。このとき，一方の粒子がブラッ
クホールに落ち込み，もう一方の粒子が外に飛び出してきたとき，飛
び出してきた粒子のエネルギーが，最初に落とした粒子のエネルギー
より大きくなることがあり得るというのだ。1つの粒子が2つの粒子
に崩壊するとき，エネルギー保存則から崩壊後の2つの粒子のエネル

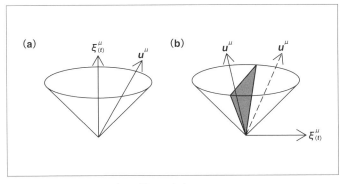

⟨図11.4⟩ 負のエネルギーの粒子の存在
(a) はキリングベクトル $\xi_{(t)}^{\mu}$ が時間的な方向を向く場合。u^{μ} が未来向きの光円錐の中にあるならば、$-\xi_{(t)}^{\mu} u_{\mu}$ はつねに正。(b) はキリングベクトル $\xi_{(t)}^{\mu}$ が空間的な方向を向く場合。u^{μ} が未来向きの光円錐の中に $\xi_{(t)}^{\mu}$ に垂直な面があり、その左側では $-\xi_{(t)}^{\mu} u_{\mu}$ は正だが、右側では $-\xi_{(t)}^{\mu} u_{\mu}$ は負になる。

ギーの和が，崩壊前の粒子のエネルギーになる。したがって，崩壊後のそれぞれの粒子のエネルギーは，崩壊前の粒子のエネルギーを超えることはできないと考えられる。しかし，一方の粒子のエネルギーが負であるならば話が違ってくる。もし，負のエネルギーをもった粒子が存在可能なら，ペンローズ過程が可能ということになる。

粒子のもつ保存するエネルギーは粒子の4元運動量 mu^{μ} とキリングベクトル $\xi_{(t)}^{\mu}$ の内積をとったもの $E = -mu_{\mu}\xi_{(t)}^{\mu}$ のことである（この量は式(11.8)に現れた $\int d^3x \sqrt{g_{(3,t)}}\, \tilde{J}^{\mu} n_{\mu}^{(t)}$ を粒子のエネルギー運動量テンソルに適用すると得られる量に実は一致している）。さて，この E が負になる可能性があるかというと，エルゴ領域とよばれる事象の地平線近傍の領域では可能だ。これを理解するには，$\xi_{(t)}^{\mu}$ が時間的であるか空間的であるかを考えるとよい。$\xi_{(t)}^{\mu}$ が時間的な場合，u^{μ} が未来向きの時間的なベクトルである限り $u_{\mu}\xi_{(t)}^{\mu}$ の符号は一定である。$\xi_{(t)}^{\mu} = (1,0,0,0)$ となる局所慣性系で考えると合点がいくだろう。ところが，$\xi_{(t)}^{\mu}$ が空間的である場合には，$u_{\mu}\xi_{(t)}^{\mu}$ の符号は定まらない。この様子を⟨図11.4⟩に示した。

さて，$\xi_{(t)}^{t} = 1$ で他の成分が0であることから，$\xi_{\mu}^{(t)} \xi_{(t)}^{\mu} = g_{\mu\nu}\xi_{(t)}^{\mu}\xi_{(t)}^{\nu}$

$= g_{tt}$ であるとわかる。g_{tt} は $\Sigma - 2Mr = r^2 - 2Mr + a^2\cos^2\theta = 0$ を満たす面，すなわち，$r = M \pm \sqrt{M^2 - a^2\cos^2\theta}$ で符号を変える。この $+$ の符号に対応する面は $\cos\theta = 1$ となる軸上では事象の地平線と一致するが，一般の θ では事象の地平線の外側に位置する。このキリングベクトル $\xi_{(t)}^{\mu}$ が空間的になる領域をエルゴ領域とよぶ。エルゴ領域で粒子崩壊が起こると，崩壊後の粒子の一方が負のエネルギーをもつことが可能になる。その結果，もう一方の粒子のエネルギーが崩壊前の粒子のエネルギーより大きくなることも可能になる。

　このような都合のよい物理過程がわれわれの宇宙で実際に起こり，観測される可能性はあるだろうか？　もし，非常に軽いが0でない適当な大きさの質量をもつボソン（光子のような整数スピンをもつ粒子）が存在しているならばこのようなブラックホールの回転エネルギーの引き抜きの効果を，たとえば，高速回転するブラックホールが長時間存在できないという形で，観測される可能性がある。ボソンの場合には粒子ではなく，電磁波のように波としてとらえることができる。ある種の波が回転するブラックホールに入射すると，ペンローズ過程に類似の現象で，波が増幅されて反射される超放射現象が起こる。ここで光子のように質量をもたない場合には反射されて増幅された波は遠方へと散逸するだけだが，質量をもったボソンの場合，ブラックホールの重力に引かれて再び戻ってくる。こうして，反射を繰り返すたび，波は増幅されるので，効率よくブラックホールから回転エネルギーを引き抜くことが可能だ。

参考文献

1) C. Cutler *et al.*: Phys. Rev. Lett. **70**(1993)2984：掲載は1993年だが発表は1992年である。

2) Kerr 解が導かれたのは，R. P. Kerr: *Gravitational field of a spinning mass as an example of algebraically special metrics*, Phys. Rev. Lett. **11**(1963)237, doi:10.1103/PhysRevLett. 11.237

3) M. Sasaki and T. Nakamura: Prog. Theor. Phys. **67**(1982)1788; S. Mano, H. Suzuki and

E. Takasugi: Prog. Theor. Phys. **95**(1996)1079.

4) カーター定数の導出は, B. Carter: *Global structure of the Kerr family of gravitational fields*, Phys. Rev. **174**(1968)1559, doi:10.1103/PhysRev.174.1559

5) 出版されたのは 1997 年である。Y. Mino, M. Sasaki, T. Tanaka: Phys. Rev. D **55**(1997) 3457 により最初に導出された自己力の基礎方程式は, T. C. Quinn and R. M. Wald: Phys. Rev. D **56**(1997)3381 により, 別のアプローチでも導かれ, MiSaTaQuWa 方程式とよばれる。

6) $h_{(輻射)}$ を用いることを正当化する議論を与えたのは Y. Mino: Phys. Rev. D **67**(2003)084027. その後, 実際に計算可能な定式化を与えたのは N. Sago, *et al.*: Prog. Theor. Phys. **114** (2005)509.

——— 第 12 章 ———

重力理論の研究の広がり

　これまで提案から100年を経た相対論の話をつづってきた。最初は、100年たってもいまだに研究することがあるのかと疑問に思われた方もあるかもしれない。しかし、宇宙における新たな発見がつぎつぎと相対論研究の新しい局面を生み出し、さらにいま、重力波天文学という新しい研究領域が大きく開かれようとしているということは、これまで紹介してきたとおりである。最終章では、現在の相対論研究の潮流と展望を私なりにまとめてみたい。

　基礎物理の研究において、基礎方程式が見いだされるということは理論の完成とほぼ同義である場合がある。理論をきちんと定式化し、予言を行い、現実の実験や観測との比較で検証する。十分な検証がなされれば理論は確立したことになる。一般相対論においても、近日点移動やシャピロ時間遅れ、連星中性子星の軌道周期の変化など、さまざまな検証実験により実証されてきた。しかしながら、一般相対論研究が完成したと思っている研究者はいないだろう。それはなぜか。

▌ 解くことが困難

　一般相対論の方程式であるアインシュタイン方程式は見かけ上単純な形をしているが、非線形の複雑な方程式であり、厳密解が得られる場合は非常に限られる。一般相対論で記述される時空がどうふるまうかを知るには任意に指定した初期状態からの時間発展を調べる手法が必要である。近年、計算機のめざましい進歩にともない、このような時間発展を数値シミュレーションにより調べることが可能になってきている。このような研究分野は数値相対論とよばれ、現在の相対論研究の1つの大きな流れをつくっている。数値相対論による研究が

可能になった背景には計算機の発展のみならず，長年にわたる計算手法の研究が背景にある。

アインシュタイン方程式の解は座標変換をしても再び解である。しかし，座標変換する前と後では計量テンソルの具体的な形は一般にまったく異なる。このことは初期条件を与えても方程式の解が一意に定まらないことを意味する。つまり，座標系の選び方の自由度が方程式を解く研究者の側に与えられているのである。勝手に選んでよい自由度が与えられているといわれると，その分だけ問題が解きやすいような錯覚を起こすが，実は逆である。ここに，ある物理現象を記述する一組の方程式があるとする。これらの方程式を適当な初期条件のもとに解けば，正しく方程式を解く限り時間発展が破たんをきたすことはないと期待される。もしも，正しく方程式を解いていても破たんをきたすならば，解いている方程式の適用範囲外で，より根源的な物理法則を記述する方程式が必要とされる状況が出現している事態が示唆される。これに対して，一般相対論では解が特異性をもち，それ以上先の時間発展を解くことができなくなっても，一般相対論の適用範囲外の物理的状況が出現したことを即座には意味しない。特異性の出現は，任意に選ぶことが許される座標の選び方に問題があるせいかもしれないからである。座標の選び方が悪いせいで特異性が現れる時空点を座標特異点とよんだ（第8章ではシュワルツシルト解の事象の地平線上に現れる特異性の例を紹介した）。任意に選べるのにわざわざ特異性をもつように選ぶ必要もないと思われるかもしれない。しかし，適当に選べといって計算機が勝手に判断して計算してくれるわけではない。研究者が座標の選び方のルールを与え，それを計算機に教えてやる必要がある。そのルールの与え方はまったく自明ではない。しかし，中村卓史氏を筆頭とする日本における相対論研究の大きな寄与があり[1]，現在ではかなり広いクラスの問題設定において座標特異点が出現しないように相対論的時空の時間発展をシミュレーションできるようになっている。

道具としての一般相対論

数値相対論の手法に代表されるように，一般相対論は宇宙で起こるさまざまな現象を理解するうえで必要不可欠の道具となっている。中性子星連星の合体

は，巨大な原子核同士の衝突であり，地上では実現不可能な高密度物質の物理現象を引き起こす。しかし，そのような現象からわれわれが観測できるものは重力波や，電磁放射であり，直接にその現象を手にとるように観察することができるわけではない。限られた情報から何が起こっているかを研究するにはシミュレーション等を駆使した理論予測が必要だが，一般相対論を無視したシミュレーションでは最終的に観測と比較できる精度の予測は得られない。

中性子星連星のほかにも宇宙には多くの高エネルギーの天体現象が存在する。ブラックホールや中性子星といった強い重力を伴う天体に物質が落下するさいの重力エネルギーが高エネルギーの現象を引き起こすもっとも重要な動力源だと考えられる。このような現象を理解するうえでも一般相対論を無視することはできない。

宇宙論的な観測の精密化が進んでいるという話を第7章に述べたが，このような精密宇宙論の基礎にも一般相対論が不可欠である。宇宙の観測が精密化することによって，宇宙項やダークマターという空間を満たす得体の知れないエネルギーや物質の存在が明らかになってきた。そればかりではなく，第6章のインフレーション宇宙の章で述べたように，地上の粒子加速器では到達不可能な高エネルギーの状態にあった初期宇宙において何が起こったのかさえ，マイクロ波宇宙背景放射の観測等から明らかにされつつある。

以上のような天体現象や宇宙の理解に役立つのみでなく，一般相対論はわれわれの日常生活の中にも必要とされている。いまや，GPSのお世話になったことのない人はめずらしいだろうが，GPSには特殊相対論と一般相対論による補正が組み込まれている。この補正を入れなければGPSは使いものにならない。

さらに，最近では強結合のゲージ理論や強相関系などとよばれるまったく別の物理現象を重力理論によって記述するという可能性が注目されている。相互作用が弱い物理系の場合には摂動論という手法が有効であるが，自然界には摂動的な取り扱いができない，強く相互作用する系が存在する。このような系を解析することは一般に困難だが，1次元高い空間次元をもつ重力理論を考えることで，このような系を記述することがある程度可能であることが近年わかってきた。このような手法が強く相互作用する系の理解に真に役立つかどうかは

182   第12章　重力理論の研究の広がり

現時点ではそれほど明白ではないように思うが，これは道具としての重力理論のまったく新しい用い方である。

▌量子重力

一般相対論と並んで，20世紀の物理の発展を象徴するものに量子力学がある。第6章で量子力学的ゆらぎについてごく簡単に紹介した。マクロな現象は量子力学を使わなくても十分正確な記述が可能だが，ミクロな現象を記述する物理法則は量子力学の原理に従う。量子力学の根本原理に不確定性原理がある。物体の運動を記述するさいに古典力学（量子力学ではないものをそうよぶ）では位置も速度も同時に確定している。位置と速度の両方が確定した初期状態に対して，その後の時間発展を決定することが古典力学の問題を解くということである。一般相対論も対象が物体ではなく時空の計量であるが，各時刻においてその値とその時間微分が確定している問題を扱うので古典力学である。アインシュタイン方程式の初期条件を与えるには，与えられた3次元の空間計量とその時間微分を与えればよい[*1]。つまり，アインシュタイン方程式は一般相対論の古典力学を決定する方程式である。

　古典力学から，対応する量子力学を得る対応原理は基本的には確立している。したがって，一般相対論に対応する量子力学も簡単に得られそうなものである。しかしながら，話はそう単純ではない。量子力学においては，変数はつねに量子力学的ゆらぎを伴う。このゆらぎのせいで計算した結果，物理量が無限大になる"発散"が現れ，計算を破たんさせてしまう。

　計量のような時空の関数を場とよんだ。電場や磁場も同様に場である。ここでは簡単のために背景時空としてミンコフスキー時空を考えよう。ミンコフスキー時空上での場の摂動を考えるさいには，空間のフーリエ成分に分解して考えるのが都合がよい。長波長の摂動を考えるさいに，多くの場合，古典力学に

[*1]　4次元の計量にはg_{tt}やg_{ti}（$i=1, 2, 3$）の成分もあるが，それらは座標の選び方に依存しており，物理的な初期条件として必ずしも指定する必要がない。一方で，3次元の空間計量の値と時間微分（この表現も厳密には不正確だが）に関しても，アインシュタイン方程式と矛盾のないように与えなければならず，すべての成分を初期条件として自由に与えることは許されない。

量子重力　　183

おいては非常に短波長の摂動は存在しないとして取り扱う。しかし，量子力学では短波長の摂動にもつねに量子ゆらぎが存在する。このゆらぎによって，長波長の摂動を記述する方程式は，量子ゆらぎがない場合と比較して補正を受ける。この補正の中には，より短波長のゆらぎを考えれば考えるほど，その寄与が大きいものが存在する。考慮する短波長のゆらぎにカットオフの波数$k_{\text{cut off}}$を人為的に導入し[*2]，$k_{\text{cut off}}$以上の波数のゆらぎを無視するなら，補正は有限の値に留まるが，本来$k_{\text{cut off}} \to \infty$の極限をとらなければならない。しかし，そのような極限をとると発散が生じて計算が破たんする。このような計算の破たんを回避する手法がくりこみである。考えている理論模型の中に存在する相互作用の強さを決めるパラメーター（結合定数）を$k_{\text{cut off}}$の関数として，$k_{\text{cut off}} \to \infty$の極限で発生する発散を相殺するようにする。一般相対論において重力以外の場を考えない単純な場合には，理論に含まれる結合定数は万有引力定数G_{N}と宇宙定数Λしか存在しない。単純な対応原理に基づいて一般相対論を量子力学に拡張した場合，これら2つの結合定数のくりこみだけでは不十分であり，すべての発散を除去することができない。このような理論はくりこみ不可能な理論とよばれる。これは，これまで実験的にもおおいに成功をおさめてきた素粒子の標準模型がくりこみ可能な理論であるのと対照的である。

　一般相対論を矛盾なく量子力学へと拡張する試みは古くからある。一般相対論を計量テンソルではなく別の変数を用いて書き表すことで，量子力学への対応のさせ方を変える可能性がある。また，量子力学的ゆらぎを摂動的に取り扱うせいで，くりこみという手法が必要になるのだから，摂動的な手法にとらわれなければくりこみも必要ないのではないかという考え方もある。しかし，そのような試みからは，これまでのところ満足のいく答えは得られていない。一方で，素粒子論の1つの主流は超弦理論である。すべての素粒子が輪ゴムのように広がりをもったひもによって記述されるという理論である。この理論には最小の長さの単位である弦の長さが存在している。素粒子が点状の粒子である

[*2]　ローレンツ不変性を保つように，カットオフもローレンツ不変な形で導入するのが本来は正しい。

184   第12章　重力理論の研究の広がり

と考えている場合，場は時空の関数であり[*3]，上述のフーリエ変換の議論が成り立ち，発散が現れる。これに対して，広がりをもった弦を考える場合，単純な場による記述は弦の内部構造を無視した近似にすぎず，弦の長さスケールよりも短波長では成立しない。このため，弦の長さスケールよりも短波長の量子ゆらぎを単純に足し上げることは正しくないということになり，自然にカットオフスケールが現れ，発散の問題が回避されると期待される。超弦理論においては弦の運動状態の違いによって異なる種類の粒子を表すが，計量の摂動に対応する波を表す粒子である重力子も存在している。しかし，超弦理論からわれわれの宇宙を記述する理論がどのように導かれるのかはいまだに明らかにされていない。したがって，一般相対論を量子化したさいに現れる問題を実際にどう回避すべきであるのかについては，よくわかっていない。

低エネルギー有効理論としての一般相対論

すべての物理法則は量子力学の原理に従うべきである。しかしながら，一般相対論の量子力学は成功していない。そのような状況でわれわれに一般相対論に基づいて意味のある予言ができるのかという疑問がわくかもしれない。量子力学的ゆらぎが無視できる古典力学においては計算可能であるし，一般相対論の予言と観測の間に矛盾はない。とはいえ，なんとも心もとない気分になるのではないかと思う。しかしながら，現実問題として，状況はそれほど悲観的ではない。

　一般相対論を単純に量子力学に拡張したものはくりこみ不可能であるといったものの，それですべての計算ができないことを意味するわけではない。一般相対論の作用関数は宇宙項を含めても，

$$S_g = \left(16\pi G_{\mathrm{N}}\right)^{-1}\int \mathrm{d}^4 x\sqrt{-g}\left(R-2\Lambda\right)$$

という簡単なものであった。ここに量子ゆらぎが加わったさいに，G_{N}とΛの取り換えだけでは不十分だと述べたが，量子ゆらぎの最低次を考える限り，

[*3]　量子力学的には場の波と粒子は同じものの別の記述の仕方だということができる。電磁場の波が電磁波であるが，電磁波を粒子としてとらえたものが光子である。

低エネルギー有効理論としての一般相対論　185

$$S_g = \int \mathrm{d}^4 x \sqrt{-g} \left[\left(16\pi G_\mathrm{N}\right)^{-1} \left(R - 2\Lambda\right) + \text{``} R^2 \text{''} \right]$$

と理論を拡張すれば発散をとり除くことができる。ここで

$$\text{``} R^2 \text{''} = \alpha_1 R^2 + \alpha_2 R_{\mu\nu} R^{\mu\nu} + \alpha_3 R_{\mu\nu\rho\sigma} R^{\mu\nu\rho\sigma}$$

は曲率の2次の項で，α_1, α_2, α_3は新たに導入されたパラメーターである。"R^2"項の可能な形は，一般座標変換に対する共変性からスカラーであることと曲率の2次までに限るという条件から制限されている。ここで新しく現れた定数は次元をもたない（不確定性関係に現れたプランク定数と同じ次元をもつというほうがより正確だが，ここではプランク定数$\hbar$を1とする単位系で議論する）。したがって，自然には$O(1)$の量であることが期待される。"R^2"項を加えた作用の変分から得られる方程式は

$$\left(16\pi G_\mathrm{N}\right)^{-1} \left(G_{\mu\nu} + \Lambda g_{\mu\nu}\right) + \text{``} R^2 \text{''}_{\mu\nu} = 0$$

となる。ここで，"R^2"$_{\mu\nu}$は$RR_{\mu\nu}$や$R_{\mu\nu}{}^{\rho\sigma}R_{\rho\sigma}$といった曲率テンソルについて2次のオーダーの2階共変テンソル[*4]であるが，ここでは複雑なので具体形は示さない。通常，われわれが観測できる範囲では曲率の大きさ$|R_{\mu\nu\rho\sigma}|$はプランクスケールの曲率（$\approx G_\mathrm{N}^{-1}$）と比べて非常に小さい。そのため"$R^2$"$_{\mu\nu}$の項を実質上無視していても問題ないということになる。

　ゆらぎの次数を上げると，さらに高次の曲率項が必要になる。α_1, α_2, α_3のような新しいパラメーターがつぎつぎと現れるため，理論の予言能力が失われるが，低エネルギーでは"R^3"や"R^4"といった高次の曲率項は"R^2"項にも増して抑制されると期待されるので，プランクスケール（エネルギーにして$c^{5/2} G_\mathrm{N}^{-1/2} \approx 10^{28}$ eV）に比して低エネルギーにおける有効理論として，一般相対論が得られる。ゆらぎの寄与を正しく評価するにはくりこまれた後のα_1, α_2, α_3などのパラメーターの値を知る必要があるが，それら未知の項による補正はわれわれが到達できるエネルギースケールの範囲では無視できるほどに小さい。

---

*4　曲率テンソルの2次のオーダーとよんでよいかは微妙だが，$\Box R_{\mu\nu}$のような項も含まれる。

186   第12章　重力理論の研究の広がり

重力の量子論的効果

先の章で述べてきたように，一般相対論が量子力学に整合するように拡張され
なければ究極の重力理論たり得ない。とはいえ，重力の量子論的効果が観測さ
れるとは期待しがたい。第7章に宇宙初期のインフレーション宇宙において重
力場の量子ゆらぎに起因し重力波が生成され，その痕跡がマイクロ波宇宙背景
放射のBモード偏光ゆらぎとして検出される可能性があると解説した。このB
モード偏光が観測されれば，重力場がもつ量子力学的ゆらぎをはじめて観測し
たことになる。

　重力場の量子論的効果が観測される別の可能性として，ブラックホールに関
する議論もある。ブラックホール時空を背景時空として量子力学的に電磁場の
ような場を考えると，ブラックホール質量に反比例した温度でホーキング輻射
とよばれる放射を起こす[2]ことが知られている。ブラックホール時空を背景時
空として固定した場合，ホーキング放射は永遠に継続するが，このことからブ
ラックホール内部の場の状態が無限に多いということが演繹される。そのよう
に無限に多くの状態を有限体積のブラックホールがもち得るならば，エネル
ギーさえ存在すれば自発的にブラックホールが生成されることが量子力学的に
は予想され，ブラックホールだらけの宇宙になってしまい，われわれの現実世
界を記述しない。このような考察から，ブラックホール時空を単なる背景時空
として取り扱う近似が破たんし，何らかの量子重力的効果が現れると予想され
る（本当はこんなに乱暴な議論ではないが）。結局，観測的には古典的なブラッ
クホールと区別できないという答えが正解かもしれないが，いまだ結論は得ら
れていない。

重力理論の拡張

一般相対論が究極の重力理論ではないのであれば，それ以外の重力理論が一般
相対論にとって代わる可能性はあるだろうか。このように，一般相対論の対抗
馬となる理論を考えることは，一般相対論を検証するうえでも有用である。新
しい理論を考えることは自由だが，適当に考案した新理論は一般には現実を
まったく記述しない。したがって，これまでに得られている観測的事実と矛盾

重力理論の拡張　　187

しない理論としてどのような理論を考えることが許されるのかを調べることが
研究対象となる。許される理論のリストを得れば，一般相対論からのずれがど
のように観測される可能性があるかを予言できる。実際には，許される理論を
網羅することは難しいので，さまざまなアイデアを調べることになる。

　一般相対論の対抗馬として古くから有名なものにブランス–ディッケ理論が
ある。これは一般相対論に質量をもたないスカラー場を1つ加えた重力理論で
ある。電磁場や重力場のように力を伝える場が存在すれば，それに応じて力が
現れる。ここで質量をもたない場と断った理由は，質量をもつと短距離しか伝
わらない力となるからである。余分の場を加えると強い相互作用，弱い相互作
用，電磁相互作用，重力という自然界の4つの知られた力に加えて，新たな力
が現れるので，第5の力とよばれることもある。ブランス–ディッケ理論の場
合には，物質の運動は計量テンソルによって記述される点は一般相対論と同じ
だが，計量テンソルを決める方程式（すなわちアインシュタイン方程式）の中
に新たに加えたスカラー場の寄与が入る。新たに加えたスカラー場が物体に直
接的に力を及ぼすわけではないとすることで，新しく加えたスカラー場の効果
も含めた重力だけが作用する場合にすべての物体が同じように運動するという
等価原理を満たす。

　このような理論を考えたとき，理論の予言にどのような違いが現れるだろう
か。たとえば，一般相対論では光の曲がり角はニュートン重力の場合の2倍に
なるという話であった（第4章参照）が，ブランス–ディッケ理論では曲がり角
が一般相対論に比べて小さい。ブランス–ディッケ理論には一般相対論からの
ずれの程度を表す理論のパラメーターが存在し，いくらでも一般相対論に近づ
けることができるので理論を完全に否定することは難しい。しかしながら，こ
の一般相対論からのずれの程度は相対的に10^{-5}程度にまで制限されており，
単純に考えると，このような重力理論の修正は否定されているといえる。

　近年，さまざまな重力理論の修正が議論されている。その背景には第7章で
解説したダークマターや宇宙項の存在がある。観測される宇宙膨張の歴史を一
般相対論の枠組みの中で説明するには，直接検出されない正体不明の物質やエ
ネルギーの存在を仮定しなければならない。重力理論を修正することでこの正
体不明のものの代わりにならないかという発想だ。このような試みのなかでお

188   第12章　重力理論の研究の広がり

もしろいことも発見されてきた。たとえば，一般相対論にスカラー場を加えた
理論の多くで，線形摂動にもとづく予言をすると激しい観測との不一致が現れ
る。しかし，比較的広いクラスの理論で，太陽系のような弱い重力場中であっ
ても非線形項の寄与が無視できず，そのおかげで重力源の近傍では一般相対論
の予言が再現される。このため，太陽系での一般相対論の検証実験とも矛盾し
ないさまざまな理論の拡張が可能であることがわかってきた。

　また，一般相対論は特殊相対論を包含するように構成された理論であった。
つまり，時空を局所的にみるとミンコフスキー時空と区別がつかない。言い換
えると，特別な時間軸の方向，あるいは，特別な時間一定面が存在しないこと
を意味する。しかしながら，実際の宇宙には特別な時間軸の方向が厳然と存在
する。代表的には，マイクロ波宇宙背景放射が等方的にゆらいで見える観測者
Oの運動に沿う時間軸である。第7章にマイクロ波宇宙背景放射は10^{-5}の精度
で等方的だと説明したが，実際の観測には比較的大きな双極子的な非一様成分
が存在している。これは上述の観測者Oに対してわれわれが運動しているため
にドップラー効果により引き起こされた非一様性で，進行方向の背景放射はよ
り高温に，逆の方向はより低温に観測される。

　素粒子実験においては非常に高い精度でローレンツ不変性が検証されてい
る。しかし，素粒子実験において重力の効果は完全に無視できるほど小さい。
したがって，重力理論に関しては特別な時間方向が存在する理論を考えても実
験と矛盾しない。このような理論は一見不自然だが，時間変化するスカラー場
が存在しさえすれば，スカラー場が変化する方向として特別な時間軸の方向を
与えることができる。このような理論モデルではもともとの理論がローレンツ
不変性を破っているわけではなく，単にわれわれの住む宇宙の解がローレンツ
不変性を破っているだけである。

　このように，基本原理だと思われたローレンツ不変性でさえ破れている可能
性を即座には否定できない。近年注目を集めているホジャバ–リフシッツ重力[3]
とよばれる理論はそのことを逆手にとった理論である。上述のくりこみ可能性
の議論のさいに現れたような高次の曲率項を3次元の空間曲率に対してのみ，
さらに，適当な有限の次数だけ導入した理論である。この理論は最初からロー
レンツ不変性を破っているが，つぎつぎと高次の曲率項がくりこみに必要とさ

れることはない，つまり，くりこみ可能であることが期待されている．はたして，本当にくりこみ可能であるのかも，低エネルギー有効理論としてローレンツ不変性が回復して一般相対論に近い重力理論が自然に導かれるのかも，現時点でははっきりしていないが，おもしろい可能性の1つである．

まとめ

素粒子の究極理論の有力な候補である超弦理論は，10次元や11次元といった高次元時空上で定義された理論である．このような高次元時空の余分な次元が小さく丸まって観測されなくなることで，見かけ上4次元時空が出現すると考えられている．ところが，余分の次元がそれほど小さく丸まっていなくても観測や実験と矛盾しない可能性が指摘された．空間方向に3次元的に広がりをもつ膜の上に，観測される通常の物質がすべて閉じ込められているモデルを考えれば，余分の次元が0.1 mm程度の比較的大きな広がりをもっていても観測と矛盾しない．重力は非常に弱いのでそれ以下の長さスケールにおける重力の精密測定が難しいからである．このような背景から，近年，膜宇宙モデルの構築や高次元ブラックホールなど，これまでになかった研究テーマが現れ，爆発的な進展を見せた．この例が示すように一般相対論と重力の研究にはまだまだ未踏の研究領域がありそうだ．重力波という新たな探針を得たことにより，重力理論に関する根源的な謎に対するヒントや，一般相対論からのずれの検出など，観測から新たな突破口が開ける可能性もある．新たなパラダイムを開いて，再びご報告できる日を願いつつ，筆を置く．最後までお付き合いいただき，ありがとうございました．

　パリティ誌12回の連載を通して，長岡技術科学大学4年生の太田大智君には非専門家の立場から原稿の難解な点を毎回指摘してもらい非常にありがたかった．京都大学大学院理学研究科博士研究員である中野寛之君には専門家の立場から校正の手伝いをお願いしたが，毎回，冷や汗ものの間違いを見つけてもらいたいへん助かった．また，本稿はこれまでの多くの共同研究者や同僚の方々との議論を通じた経験から紡がれたものなので，皆さんに感謝したい．最後に，筆の遅い私に対して叱咤激励で無事に連載を最終回にまで導いた妻（中平勝子）

190 第12章 重力理論の研究の広がり

にも感謝♡

参考文献

1) 現在標準的な数値相対論の定式化の1つである BSSN 形式は以下の論文で示された。
T. Nakamura, K. Oohara, Y. Kojima: *General Relativistic Collapse to Black Holes and Gravitational Waves from Black Holes*, Prog. Theor. Phys. Suppl. **90**(1987)1, doi:10.1143/PTPS.90.1; M. Shibata and T. Nakamura: *Evolution of three-dimensional gravitational waves: Harmonic slicing case*, Phys. Rev. D **52**(1995)5428, doi:10.1103/PhysRevD.52.5428

2) S. W. Hawking: *Black hole explosions*, Nature **248**(1974)30, doi:10.1038/248030a0

3) P. Horava: *Quantum Gravity at a Lifshitz Point*, Phys. Rev. D **79**(2009)084008, doi:10.1103/PhysRevD.79.084008

索 引

【欧数字】

2次元球面　　*16*
4元速度　　*19*
4重極公式　　*130*
4重極モーメント　　*130*
Bモード偏光　　*94*
CDM　　*93*
COBE衛星　　*67*
DECIGO計画　　*158*
EF座標　　*108*
GPS　　*181*
GW150914　　*139*
Ia型超新星　　*96*
KAGRA計画　　*154*
LIGO計画　　*139, 154*
LISA pathfinder　　*158*
LISA計画　　*158*
Planck衛星　　*88*
Square Kilometer Array　　*156*
Virgo計画　　*139, 154*
WMAP衛星　　*88*
X線連星　　*146*

【和　文】

あ　行

アインシュタインテンソル　　*29*

アインシュタイン方程式　　*25, 31, 75*
圧力　　*29*
アフィンパラメーター　　*41*

一様性問題　　*69*
一様等方宇宙モデル　　*55*
一様等方空間　　*56*
一般共変性　　*25*
一般座標変換　　*17*
一般相対論　　*1*
インスパイラル領域　　*148*
インフラトン　　*77*
インフレーション　　*75*

宇宙検閲官仮説　　*117*
宇宙項　　*75*
宇宙項問題　　*97, 103*
宇宙再加熱　　*79*
宇宙定数　　*75, 102*
宇宙年齢　　*58, 61*
宇宙の晴れ上がり　　*88*
宇宙ひも　　*154*
宇宙論的赤方偏移　　*63*
宇宙論的測度問題　　*102*
運動量保存則　　*30*

エディントン-フィンケルシュタイン座標　　*108*
エネルギー運動量テンソル　　*30*

エネルギーフラックス　31
エネルギー保存則　30
エネルギー密度　29
エルゴ領域　176
円周半径　106

か 行

カー解　169
カーター定数　172
亀座標　107
ガリレイ変換　5
慣性系　12
慣性質量　12
完全反対称テンソル　95
完全流体　29

共形時間　63
共動座標　57
共変ベクトル　20
局所慣性系　19
曲率　19
曲率テンソル　27
曲率半径　42
キリングベクトル　46
キリング方程式　46
近日点移動　50

空間的　110, 117, 174
クェーサー　50
くりこみ　183
クリストッフェル記号　21

計量テンソル　15
ゲージ自由度　121
原始ブラックホール　144

光円錐　53

恒星質量ブラックホール　113
光速度不変の原理　1, 53
黒体輻射　64
コペルニクス原理　54
固有時間　6

さ 行

最内縁安定円軌道　116
座標特異点　180

時間的　110, 117, 174
時空　1
時空の線素　15
シグナルとノイズの強度比　139
次元　37
自己力　172
事象の地平線　110
指数関数的宇宙膨張　76
シャピロ時間遅れ　135
周期境界条件　55
重力質量　12
重力赤方偏移　45
重力波　94, 123
重力波レーザー干渉計　129
縮約　15
シュワルツシルト解　105
　——の重力半径　106
初代星　143
シルク減衰　93
真空　77
真空の相転移　77

水星の近日点移動　114
数値相対論　179
スケールファクター　56
スケール不変な密度ゆらぎ　82
スローロールインフレーション　78

索引　193

静的　105, 106
静的な時空　46
測地線　41
測地線方程式　41

た　行

ダークエネルギー　96
ダークマター　93
第5の力　187
ダスト　63
短ガンマ線バースト　150
断熱不変量　80

地平線距離　73
中性子星　132
超巨大ブラックホール　113
超弦理論　183
超新星　133
超新星爆発　153
潮汐力　13, 127

電荷の遮蔽　131
電磁波　2, 121
電弱統一理論　76
テンソル　20

等価原理　11
等方性問題　69
トーラス　71
特異点　117
特殊相対論　1

な　行

ニュートン近似　39
ニュートンポテンシャル　39
人間原理　98

ヌル測地線　41

は　行

バーコフの定理　114, 119
波数ベクトル　41
裸の特異点　118
ハッブル定数　59
ハッブルの法則　59
ハッブルホライズンスケール　89
バランスの議論　168
バリオン　62
バリオン音響振動　92
バリオン数と光子数の比　66
パルサー　134
反対称化　28
反変ベクトル　20
万有引力定数　31, 37
万有引力の法則　42

ビアンキの恒等式　28
光的　110, 117
光の曲がり　48
非慣性系　13
ヒッグス場　76
ビッグバン宇宙モデル　64
ビッグバン元素合成　66
微分のチェーンルール　21

不確定性原理　81
輻射のエネルギー密度　64
双子のパラドックス　9
ブラックホール　105
プランクエネルギー　38
プランク長　38
ブランス–ディッケ理論　187
フリードマン方程式　57

平行移動　44
平坦性問題　70
ベクトル　19
ベクトル場　40
変分原理　32
ペンローズ過程　174

ポアソン方程式　39
ホーキング輻射　186
ホジャバ-リフシッツ重力　188
ポストニュートン近似　39, 163
ポストミンコフスキー展開　166
保存力　167
ボルツマン脳問題　103

ま　行

マイクロ波宇宙背景放射　66
　——のパワースペクトル　88

膜宇宙モデル　189

ミンコフスキー計量　15
ミンコフスキー時空　15

無限小座標変換　33

メスバウアー効果　48

や・ら　行

弱い相互作用　65

量子力学的ゆらぎ　81
リングダウン　149

レコード盤軌道　157

ローレンツ変換　5

著者の略歴
田中貴浩（たなか・たかひろ）
1995 年京都大学大学院理学研究科物理学第二専攻博士
後期課程修了。博士（理学）。同年大阪大学大学院理学
研究科助手，2000 年京都大学基礎物理学研究所助教授，
2003 年同大学大学院理学研究科助教授，2007 年准教授，
2008 年同大学基礎物理学研究所教授を経て，2014 年よ
り京都大学大学院理学研究科教授。おもな研究分野は重
力波，宇宙論。

深化する一般相対論
ブラックホール・重力波・宇宙論

平成 29 年 11 月 15 日　発　行

著作者　　田　中　貴　浩

発行者　　池　田　和　博

発行所　　**丸善出版株式会社**

〒101-0051　東京都千代田区神田神保町二丁目17番
編 集：電話（03）3512-3267／FAX（03）3512-3272
営 業：電話（03）3512-3256／FAX（03）3512-3270
http://pub.maruzen.co.jp/

Ⓒ Takahiro Tanaka, 2017

組版印刷・製本／三美印刷株式会社

ISBN 978-4-621-30231-6　C 3042　　　　Printed in Japan

JCOPY 〈（社）出版者著作権管理機構　委託出版物〉
本書の無断複写は著作権法上での例外を除き禁じられています．複写
される場合は，そのつど事前に，（社）出版者著作権管理機構（電話
03-3513-6969，FAX 03-3513-6979，e-mail：info@jcopy.or.jp）の許
諾を得てください．